MEIN HUND gelassen ALLEIN DAHEIM

green PRINT

Foto © Manuela Zaitz

MANUELA ZAITZ

MEIN HUND gelassen ALLEIN DAHEIM

Wege aus dem Trennungsstress

Foto © Julia Nießen

CADMOS

Wichtiges zu Beginn

Wenn ich über Hunde spreche, nutze ich in der Regel die männliche Form, weil ich zwei Rüden habe. Natürlich sind alle Hündinnen mitgemeint. In der Ansprache an euch Menschen nutze ich in diesem Buch ein respektvolles „du" oder „ihr" und ich gendere in diesem Buch. Wenn euch dabei spontan die Hutschnur hochgeht, bitte bedenkt doch Folgendes:

"Immer, wenn du ‚ :innen' sagst, fühlt sich jemand weniger außen."

Thomas Killer

Ich bin von einem Gegner der Gendersprache zu einer absoluten Befürworterin geworden, weil mir Menschen gezeigt haben, wie wichtig es ist, sichtbar zu sein.

Danke dafür.

Inhalt

Vorwort

Liebe Leser:innen,

Trennungsprobleme gehören zu den unangenehmsten und schwierigsten Komplikationen in der Familienhundehaltung. Die betroffenen Hunde leiden zum Teil extrem unter den Trennungen, die häufig Stunden dauern und sich täglich wiederholen. Von Trennungsstress betroffene Hunde geraten schnell in chronischen Stress mit allen negativen Begleiterscheinungen. Regelmäßiger starker Stress schwächt das Immunsystem und macht zudem die Entstehung weiterer Verhaltensprobleme wahrscheinlich.

Auch auf der Seite der Menschen ist der Leidensdruck schwerwiegend. Intensive Lautäußerungen, Zerstörungen an der Einrichtung, Verlust der Stubenreinheit ... das Verhalten der Hunde macht es in vielen Fällen unmöglich, sie zeitweise in der Wohnung zurückzulassen. Die Hoffnung, dass der Hund sich schon noch an diese Situation gewöhnen wird, zerschlägt sich meist schnell und das Problem wird im Alltag zu einer ernsten Belastung.

Leider kursieren auf Hundewiesen, in Internetforen und im Fernsehen veraltete Vorstellungen und irreführende Erklärungen zu diesem Thema. Auf der Suche nach schnellen Lösungen wird zu Maßnahmen geraten, die das trennungsbedingte Verhalten des Hundes über unangenehme Einwirkungen „unterbinden" sollen. Da diese Tipps schnellen Erfolg versprechen, werden sie von verzweifelten Hundehalter:innen häufig umgesetzt, nicht selten gegen das eigene Bauchgefühl. Sprühhalsbänder, geschlossene Boxen, Unterbrechen von Lautäußerungen mit bedrohlicher Stimmführung/Körpersprache können unerwünschtes Verhalten vorübergehend hemmen, machen letztendlich aber alles nur noch schlimmer.

Seit den Anfängen der wissenschaftsbasierten Verhaltensberatung setzen sich forschende und praktizierende Fachleute mit

diesem Problem auseinander und entwickelten verschiedene Lösungsansätze, die eine entscheidende Gemeinsamkeit hatten und haben: Das problematische Verhalten wird als Ausdruck von Angst, Stress und Frustration gesehen, dementsprechend setzen die Maßnahmen zur Verhaltensveränderung an eben diesen Ursachen an. In den letzten Jahren hat sich ein Trainingsansatz etabliert, der auf Desensibilisierung beruht, einer bewährten Technik zur Verhaltensveränderung. Der Schlüssel zu diesem Weg aus dem Trennungsstress sind viele, anfangs sehr kurze Trennungssituationen, die nach einem durchdachten System verlängert werden, bis die Trainingsziele erreicht sind. Dieses Buch ist die erste deutschsprachige Veröffentlichung, in der dieses Vorgehen ausführlich vorgestellt wird.

Manuela Zaitz räumt zunächst mit einer ganzen Reihe von Mythen und falschen Erzählungen rund um das Thema Trennungsstress auf. Wir erfahren, was das Problem ist und was nicht. Eine komprimierte Besprechung der gängigsten Tipps und Hilfsmittel klärt darüber auf, welche Maßnahmen sinnvoll sind, was sie bewirken können und wo die jeweiligen Grenzen liegen. Im Hauptteil des Buches werden die Voraussetzungen für die Desensibilisierung und die grundlegenden Regeln für die Planung des Trainings erläutert. Schließlich bietet das Buch eine einfache, praktikable Hilfestellung für die konkrete Planung der einzelnen Trainingseinheiten. Insgesamt schafft es eine solide Grundlage für das Verständnis des Problems, eröffnet eine Perspektive zu seiner Lösung und bietet konkrete Vorlagen für die Umsetzung, die individuell angepasst werden können.

> „REGELMÄSSIGER STARKER STRESS SCHWÄCHT DAS IMMUNSYSTEM UND MACHT ZUDEM DIE ENTSTEHUNG WEITERER VERHALTENSPROBLEME WAHRSCHEINLICH.

Trennungsprobleme sind vielgestaltig und haben sich oft durch zahlreiche überfordernde Trennungen verfestigt. Gleichzeitig sind die Voraussetzungen für das Training individuell verschieden. Eine professionelle Begleitung ist vor allem für den Einstieg in dieses Training grundsätzlich hilfreich und in manchen Fällen unerlässlich. Dieses Buch hilft den betroffenen Menschen, sowohl das Problem als auch dieses Lösungskonzept zu verstehen, und ist für die eigenständige Durch- bzw. Fortführung der Desensibilisierung eine große Hilfe.

Gerrit Stephan

Vorwort

Liebe Leser:innen,

vielleicht habt ihr euch dieses Buch gekauft, weil ihr einen Hund habt, der noch nicht allein bleiben kann – der Dinge zerstört, der jault oder bellt, der ins Haus uriniert, wenn ihr nicht da seid.

An diesem Punkt habt ihr vielleicht schon versucht, so einiges an guten Ratschlägen umzusetzen, um die Situation zu verbessern. Ihr habt eventuell getragene Klamotten von euch ins Körbchen gelegt, Radio oder TV angelassen, den Hund, bevor ihr gegangen seid, so richtig ausgepowert, oder ihr habt gar ein Antibellhalsband ausprobiert, weil sich die Nachbarn schon beschwert haben.

Wir besprechen im Folgenden noch ausführlich, warum nichts davon so richtig geholfen hat und warum ihr manche Sachen ganz unterlassen solltet. Das ein oder andere Mal werdet ihr vielleicht ein schlechtes Gewissen bekommen, wenn ihr realisiert, dass ihr Dinge gemacht habt, die eurem Vierbeiner eher geschadet als geholfen haben. Bitte geht nicht zu hart mit euch ins Gericht. Wir haben alle schon mal Murks gemacht, weil wir es nicht besser wussten. Ich weiß, wie verzweifelt man sein kann, wenn einem die Nachbarn böse Blicke zuwerfen, weil der Hund die Ruhe im Haus stört. Mir ist klar, dass man dann schlicht nach jedem Strohhalm greift. Atmet tief durch, lest euch in Ruhe ein und startet neu.

Vielleicht ist es aber auch so, dass bald ein junger Hund oder ein neuer Hund bei euch einzieht und ihr von Anfang an mit dem Alleinbleiben alles richtig machen wollt. Das ist großartig, denn jeder Hund sollte die Chance bekommen, zu lernen, wie man entspannt allein bleiben kann.

> ”
> JEDER HUND SOLLTE DIE CHANCE BEKOMMEN, ZU LERNEN, WIE MAN ENTSPANNT ALLEINE BLEIBEN KANN.

Selbst wenn ihr denkt, dass euer Hund „eigentlich“ nie allein bleiben muss, solltet ihr es üben. Ich habe es als Trainerin zu oft erlebt: die Großfamilie, bei der immer jemand daheim ist, das ältere Ehepaar in Rente, die WG mit dem gut durchdachten Dogsharing. Das mag alles über Jahre prima funktionieren, trotzdem kann es früher oder später passieren, dass der Hund auf einmal allein bleiben muss. Familienkonstellationen ändern sich, ein Familienmitglied wird krank, erwachsene Kinder werden flügge und ziehen aus. Eine schwierige Situation für den nun erwachsenen Hund, der gewohnt ist, dass immer jemand da ist, und der nie die Zeit bekommen hat, das entspannte Alleinbleiben zu lernen.

„Ich komme doch seit Jahren immer wieder nach Hause, der muss doch wissen, dass ich wiederkomme“, mögt ihr vielleicht den-

ken. Das wäre schön, aber so einfach funktioniert es dann doch nicht. Das Gute ist: Mit Training können wir viel erreichen, und den ersten Schritt habt ihr schon gemacht – ihr lest euch jetzt in das Thema ein.
Es gibt unterschiedliche Möglichkeiten, das Alleinbleibtraining zu gestalten. Ich habe in den Jahren meiner Trainerinnenlaufbahn unterschiedliche Ansätze ausprobiert und orientiere mich heute am Konzept von Malena DeMartini-Price, weil ich es für das derzeit beste und strukturierteste Training zum Alleinbleiben halte: kleinschrittig und immer darauf ausgerichtet, dass der Hund unsere Steigerungen in Dauer und Schwierigkeitsgrad schaffen kann.

Zeitlich plant ihr zu Beginn 20 Minuten bis eine halbe Stunde Training pro Tag ein, an fünf Tagen in der Woche. Ihr werdet durch dieses Training viel über euren Hund erfahren, weil ihr viel beobachten werdet und lernt, euer Training dann entsprechend anzupassen. Ich freue mich, euch dabei begleiten zu können.

Auch wenn es verlockend ist, direkt im Kapitel mit den ersten Trainingsschritten weiterzulesen: Bitte arbeitet euch Kapitel für Kapitel durch das Buch. Ich möchte, dass ihr versteht, warum wir unser Training genau so gestalten, denn nur, wenn ihr die einzelnen Trainingsschritte nachvollziehen könnt, werdet ihr das Training für euren Hund sinnvoll planen können. Einen guten Plan zu haben, ist die halbe Miete.

Wir packen das!

Eure

Manuela Zaitz

1

Grundlegendes über Trennungsstress und den Umgang damit

Warum haben Hunde überhaupt Trennungsstress? Diese Art von Stress und die möglichen damit verbundenen Lautäußerungen haben eine biologische Funktion. Es ist normal für einen jungen Welpen, durch Fiepen, Jaulen und Bellen auf sich aufmerksam zu machen, wenn er sich plötzlich allein sieht. Sein Überleben hängt davon ab, Teil der sozialen Gruppe zu sein. Das ist evolutionär tief verankert.

Im Lauf des Erwachsenwerdens wird das Verhalten meist schwächer. Bei Hunden, die schon früh starke Erfahrungen mit Verlustängsten gemacht haben, sind die Weichen für problemloses Alleinbleiben aber nicht günstig gestellt. Das kann schnell passieren, etwa durch eine frühe Trennung von Mutter und Wurfgeschwistern wegen Krankheit oder anderer Umstände. Auch wenn bei den ersten Malen, in denen der Vierbeiner allein bleibt, etwas für den Hund Unvorhergesehenes und Gruseliges passiert – die Müllabfuhr kommt, die neuen Nachbarn bohren Löcher in die Wände oder schlagen Fliesen los ... all diese Dinge können unserem Hund schlechte Erfahrungen mit dem Alleinblei-

Foto © Manuela Zaitz

ben bescheren. Wenn ihr einen Hund aus zweiter Hand übernehmt oder nicht gleich zu Beginn immer eine Kamera habt mitlaufen lassen, wenn euer Hund allein war, wird es schwer, im Nachhinein herauszufinden, warum er Stress damit hat.

Mythbusting

An dieser Stelle räumen wir mal kurz mit Vorurteilen auf, denn leider kursieren immer noch ziemlich viele Ideen in den Köpfen von Menschen, auch von Hundetrainer:innen, die unglücklicherweise das Problem des Hundes noch verschlimmern können. Fakt ist: Euer Hund hat ein Problem, aus seiner Sicht sogar ein ernsthaftes, sehr bedrohliches Problem. Er hat Stress. Manchmal nicht nur das, sondern richtige Panik. Sichtbar wird das allerdings nur, wenn wir ihn beim Alleinbleiben filmen. Sonst nehmen wir Menschen leider nur unseren Teil des Problems wahr: Die Nachbarn beschweren sich, der Lieblingsstuhl ist angefressen, die Tapete wurde von der Wand genagt, die Tür zerkratzt, die Lieblingsschuhe zerstört. Das ist ärgerlich, es setzt uns unter Druck. Und wer hat Schuld? Der Hund. Dass er das nicht macht, um uns zu ärgern, verlieren wir zum Leidwesen des Tiers aus den Augen.

Hinzu kommen oft wenig hilfreiche Kommentare und Tipps von anderen Menschen, sicherlich gut gemeint, aber häufig basierend auf dem Wissenstand von vor 50 Jahren. Ich selbst habe haarsträubende Dinge gehört, sogar von Kolleg:innen, die es eigentlich besser wissen müssten. Ein Hundetrainer sagte während einer Veranstaltung zu einer Frau, die über den Trennungsstress ihres Hundes berichtete: „Der glaubt, dass du da draußen dein Leben nicht geregelt bekommst. Deswegen macht der so ein Theater, wenn du das Haus verlässt." Diese Einschätzung des Trainers ist nicht nur fachlich falsch, sondern auch übergriffig der Frau gegenüber. Was, wenn ich eine solche Aussage einem Menschen gegenüber mache, der soziale Ängste und Phobien hat? Der tatsächlich „sein Leben da draußen nicht geregelt bekommt"? Was bürde ich diesem Menschen auf? Zudem halte ich es für falsch, hündisches Verhalten so extrem vermenschlichend zu interpretieren. Es gibt keinerlei wissenschaftliche Grundlage dafür, dass euer Vierbeiner sich Gedanken darüber macht, ob ihr da draußen auf der Straße Angst vor anderen Menschen habt oder ob ihr beim Termin mit dem Steuerberater stottert und hofft, dass alles gut geht. Er „denkt" auch nicht, dass ihr jetzt ohne ihn Spaß habt und er euch deswegen bestrafen muss, weshalb er euer liebstes Paar Schuhe zerkaut, um euch einen Denkzettel zu verpassen.

> „
> DER MUSS DOCH WISSEN, DASS ICH WIEDERKOMME.

Euer Hund macht kein „Theater", er ist keine Diva, kein kleiner Prinz, der nur will, dass alles nach seiner Nase geht. Er leidet!

Was hat die Frau aus dem Beispiel mit nach Hause genommen? Dass ihr Hund sie kontrollieren will, weil sie es einfach nicht auf die Kette bekommt? Nehmen wir an, sie hat dem Trainer geglaubt. Ist sie mit diesem Bild im Kopf nun in der Lage, ihrem Hund durch Training adäquat zu helfen? Oder ist sie eher sauer auf ihren Hund, diesen „Kontrollfreak"? Mit welcher Einstellung ist es wahrscheinlicher, dass faires Training für den Hund stattfindet? Wenn wir glauben, dass er uns kontrollieren will, oder wenn wir wissen, dass er Hilfe braucht? Trennungsangst ist für die Hunde massiver seelischer und körperlicher Stress, unter dem sie wahrhaft leiden. In diesem Zusammenhang zerstören Hunde manchmal Dinge. Die einen zerkratzen eine Tür, durch die ihr Mensch verschwunden ist, weil sie versuchen, ihm zu folgen. Andere schnappen sich Schuhe oder Kleidungsstücke, die nach ihrem Menschen riechen, und benagen oder zerkauen diese. Kauen und Zerrupfen kann dem Stressabbau dienen. Wieder andere lösen sich, obwohl man doch gerade erst mit ihnen draußen war, teilweise bereits Minuten, nachdem man das Haus verlassen hat. Ich verstehe, dass das nervenaufreibend ist, dass man sauer, wütend und traurig ist über die kaputten Dinge und genervt, weil man erst mal putzen muss, wenn man heimkommt. Jedoch bedenkt bitte immer: Das alles tun Hunde nicht „aus Protest", sicher nicht. Wer das glaubt, der geht bitte direkt zur Toilette und macht aus Protest über meine Aussage ein Häufchen. Los, jetzt sofort! Das wird nur den wenigsten von euch gelingen, weil unser Verdauungsapparat so nicht funktioniert. Etwas anderes kommt allerdings häufig vor, und das kennen wiederum viele von uns: stressbedingter Durchfall. Bei massivem seelischem Druck müssen diese Menschen auf die Toilette. Sofort! Sehr dringend und nicht selten auch öfter als einmal. Das alles sind Stressreaktionen, da sind wir Säugetiere uns ähnlich. Bei euch ist das anders? Dann habt ihr Glück.

> ER MACHT MEINE SACHEN KAPUTT, WEIL ER MICH DAFÜR BESTRAFEN WILL, DASS ICH OHNE IHN WEGGEGANGEN BIN.

Verschiedene Menschen gehen mit Situationen unterschiedlich um. So ist das auch bei Hunden. Die einen sind ein bisschen empfindlicher, die anderen sind resilienter. Und nur, weil euer Nachbar einen Hund hat, den er ohne großes Training vermeintlich problemlos allein lassen kann, heißt das nicht, dass das mit jedem Hund so einfach möglich ist. Ob der Nachbarshund tatsächlich gut allein bleiben kann oder ob er nur nach außen kein für den Menschen problematisches Verhalten zeigt, finden wir heraus, wenn wir genau hinsehen. Um ihr Verhalten beim Alleinbleiben beurteilen zu können, müssen wir unsere Hunde filmen.

Über Bindung und Trennung

Hunde sind hoch soziale Lebewesen. Seit Menschen Hunde halten, wissen wir es zu schätzen, dass Hunde sich so eng an uns binden. Die Gründe, warum wir uns Hunde ins Haus holen, sind unterschiedlich: weil wir uns einen Sportpartner wünschen, weil Corona uns einsam gemacht hat, weil wir wollen, dass immer jemand für uns da ist ... Die Gesellschaft von Hunden ist für die meisten Hundehalter:innen nicht mehr wegzudenken – mein Leben wäre unvollständig ohne meine Hunde, und so wird es vielen von euch auch gehen.

Wie bereits zu Anfang dieses Kapitels erwähnt, ist es normal, dass junge Hunde, die das Alleinbleiben nicht kennen, sich durch Lautäußerungen bemerkbar machen. Evolutionär betrachtet, bedeutet die Trennung von der eigenen sozialen Gruppe Gefahr, und Rufen ist wichtig, wenn man nicht allein zurückbleiben möchte.

Hunde spielen uns ihre Angst nicht vor, um uns zu manipulieren. Sie leiden. Foto © Manuela Zaitz

Foto © Manuela Zaitz

Unsere Hunde wären immer gern mit dabei.

Dass unsere Hunde nicht von sich aus allein bleiben wollen und können, ist also zunächst einmal nichts Ungewöhnliches, für unser tägliches Leben aber oftmals mehr als schwierig. Deshalb sollten wir uns zügig um einen Plan bemühen, ihnen das Alleinbleiben beizubringen.

Manchmal haben Menschen Sorge, dass ihr Hund nicht allein bleiben kann, weil ihre Bindung zueinander „zu eng" ist. Schließlich schläft der Hund mit im Bett und ist tagsüber auch im Büro dabei. Er kuschelt gern, sucht Körperkontakt und legt sich zu Füßen seines Menschen. Kein Wunder also, dass er nicht ohne seinen Menschen sein möchte?

Ich will euch an dieser Stelle beruhigen. Euer Vierbeiner hat nicht deshalb Probleme mit dem Alleinbleiben, weil er so verwöhnt ist, weil er mit zum Sport darf und im Bett schläft. Er hat es nur noch nicht kleinschrittig gelernt. Es gibt Hunde, die ihre Besitzer:innen auf Schritt und Tritt verfolgen, die sofort aufspringen, wenn ihr Mensch vom Sofa aufsteht, die mit zum Kühlschrank und zur Toilette gehen wollen und die trotzdem keinerlei Probleme mit der Trennung haben. Mein junger Aussi ist so ein Fall: Er ist gern überall mit dabei, und wenn ich den Raum wechsle, tut er das auch. Mache ich dort für ihn uninteressante Dinge, sitze am Rechner und schreibe an einem Buch, wechselt er wieder zurück ins Wohnzimmer und legt sich auf die Couch. Er folgt also, um zu gucken, ob ich etwas plane, das auch für ihn

Der Futterball kann Hunden helfen, sich von ihrem Menschen zu entfernen.

spannend sein könnte. Würde mich das stören, könnte ich Abhilfe schaffen, indem ich für Planungssicherheit auf seiner Seite sorge. Hierfür musste ich ihn immer dann, wenn ich etwas mit ihm tun möchte, ansprechen, bevor ich aufstehe. Wenn ich Dinge vorhabe, die für ihn ohnehin uninteressant sind, müsste ich hingegen grundsätzlich wortlos aufstehen. Würde er mir trotzdem folgen, dürfte sich das nie für ihn lohnen, das heißt, ich müsste in seinen Augen langweilig bleiben und dürfte ihm keinerlei Aufmerksamkeit schenken.

Mich stört das Folgen nicht. Ich habe seit Jahren Hütehunde, die gern die Räume mit mir wechseln, dabei aber völlig relaxed sind und sich gut von mir lösen können.

Habt ihr allerdings einen Hund, der sich unwohl fühlt, sobald ihr euch entfernt, und bei dem schon das Schließen der Toilettentür für Stress sorgt, solltet ihr als Vorbereitung auf das Alleinbleiben zunächst „im Kleinen" üben, damit er sich von euch lösen kann. Geeignet sind hierfür zum Beispiel Futterbälle, die man mit Leckereien füllt und dem Hund zum Spielen gibt, während man sich im gleichen Raum befindet. Wenn euer Hund das Spielzeug erkundet und umherkullert, wird er sich dabei ein Stückchen von euch entfernen. Dieses Spielzeug gebt ihr ihm von nun an häufiger und legt es nach dem Befüllen von Mal zu Mal etwas weiter von euch weg. Spielt der Hund immer munter drauflos, könnt ihr das Spieli sicher bald direkt an der Tür zum

Nebenraum platzieren und beobachten, ob euer Hund dort damit spielt oder es gleich wieder in den Raum zurückbringt, in dem ihr euch befindet. Ziel ist, dass er irgendwann entspannt im Nebenraum spielt. Haltet die Schritte auf dem Weg dorthin so klein, dass euer Hund sich ohne Sorge immer weiter von euch lösen kann.

Um mehr Abwechslung zu bieten, könnt ihr Schleckmatten nutzen. Diese bestreicht ihr mit etwas Dosenfutter oder Babynahrung und lasst euren Hund schlecken. Es gibt diese Matten auch mit Saugnäpfen. So könnt ihr sie wie den Futterball von Mal zu Mal ein Stück weit versetzen, ohne dass sie verrutschen.

Eine weitere tolle Möglichkeit sind Futterautomaten, die der Hund selbst auslösen kann. Zu Beginn stehen Auslöser und Automat noch nebeneinander, bis ihr dem Hund beigebracht habt, wie man den Button drückt, damit Futter kommt. Dann könnt ihr beginnen, den Automaten immer weiter weg von euch zu platzieren.

Wenn ihr es auf diese Weise im Lauf einiger Tage schafft, dass euer Hund eine gute Zeit hat, ohne dass ihr euch in unmittelbarer Nähe befindet, ist schon viel gewonnen. Ihr könnt dann dazu übergehen, das Futterspielzeug in seinem Safe Space (über den ihr im Folgenden noch mehr erfahren werdet) anzubieten, und so diesen Platz zusätzlich aufwerten.

Sinn und Unsinn bekannter Tipps zum Alleinbleiben

Antibellhalsband

Die Werbung auf Social-Media-Kanälen verspricht viel. Dieses Halsband sei eine „sanfte Methode", um dem Hund das Bellen abzugewöhnen. Die perfide Darstellung, dass man Hunden, die bellen, lediglich die Lautäußerung abgewöhnen müsse, um das Problem nachhaltig zu lösen, lockt unerfahrene Hundehalter:innen an. Wenn diese glauben, der Hund sei frech oder wolle sie kontrollieren und belle deshalb, wenn sie das Haus verlassen, erscheint ihnen das Abgewöhnen des Bellens als vernünftige Lösung.

Diese Sichtweise beinhaltet einen schlimmen Fehler: Kein Gedanke wird daran verschwendet, dass der Hund beim Alleinbleiben Angst und Stress verspüren könnte. Wir wissen nun aber, dass dies der Fall ist. Stellt euch vor, euer vierbeiniger bester Freund ist allein daheim, jault oder bellt, weil er massiven Stress hat, und bekommt nun bei diesen Lautäußerungen automatisch Druckluft ins Gesicht gespritzt. Wie wird es ihm dabei wohl gehen? Wird er dadurch ruhiger und gelassener werden, weil er lernt, dass das eigene Zuhause der sichere Ort ist, den man sich wünscht? Oder wird er die Zeit ohne Menschen daheim jetzt noch gruseliger finden als zuvor? Ich bin sicher, ihr habt sofort erkannt, dass die Anwendung dieses „Hilfsmittels" das Problem des Hundes deutlich verschlechtert.

Es kann sein, dass der Vierbeiner in der Folge weniger Lautäußerungen von sich gibt, aber es geht ihm dabei höchstwahrscheinlich noch schlechter als zuvor, denn er hat nun zusätzlich Angst, seiner ohnehin schon empfundenen Panik Luft zu machen. Es gibt kaum Werbung, die mich richtig wütend macht, aber die für sogenannte Erziehungshalsbänder/Antibellhalsbänder schafft das regelmäßig. Die Verzweiflung der Menschen, die ich im Übrigen nachvollziehen kann, wird ausgenutzt, und ein Produkt wird angepriesen, das das Wohlbefinden unserer Hunde regelrecht verschachert. Bitte fallt nicht auf Werbung herein, die euch das als „sanfte Methode" verkaufen will. Das entspricht nicht der Wahrheit.

Den Hund bestrafen, wenn er ins Haus gemacht oder Dinge zerstört hat

Einen Hund zu bestrafen, weil er in seiner Angst/seiner Panik/seinem Stress Dinge benagt, Türen zerkratzt oder ins Haus gemacht hat, ist schlimm. Nichts davon hat der Hund aus bösem Willen getan. Stellt euch vor, ihr habt unfassbare Angst vor Spinnen und schreit auf, weil sich vor eurer Nase ein großes Exemplar abseilt. Der Mensch an eurer Seite fühlt sich dadurch beim Fernsehen gestört und haut euch eine runter, damit Ruhe ist. Habt ihr nun beim nächsten Anblick einer Spinne mehr oder weniger Angst?

Ich befürworte positive Strafe nicht. So nennt man das, wenn etwas für den Hund Unangenehmes hinzugefügt wird, damit das unerwünschte Verhalten abnimmt. Positiv meint in diesem Kontext also nicht gut, sondern hinzufügend. Damit diese Form der Strafe erfolgreich ist, in dem Sinne, dass das unerwünschte Verhalten weniger wird, muss sie unmittelbar und beim ersten Auftreten des unerwünschten Verhaltens angewendet werden, und zwar so intensiv, dass der Hund daraufhin das Verhalten nicht noch einmal zeigen möchte. Alles andere ist nur Murks und Gewalt am Tier.

Wir können einen Hund nach der Rückkehr nicht für das Verhalten bestrafen, das er in unserer Abwesenheit gezeigt hat. Wenn wir ihn ausschimpfen, werden wir erreichen, dass er eingeschüchtert ist, aber wir werden ihm damit keinen Zusammenhang zwischen den angenagten Türen und unserer Schimpftirade vermitteln, das ist schlicht nicht möglich.

Ich weiß, dass einige von euch nun denken werden: „Meiner weiß genau, was er gemacht hat, der guckt schon schuldbewusst, wenn ich zur Tür reinkomme." Ich halte unsere Vierbeiner für kluge Tiere, aber das Konzept Schuld ist ihnen fremd. Sie lernen allerdings schnell, uns Menschen zu lesen, und merken sich, in welchen Situationen wir sauer werden. In Versuchen wurden Fäkalien von fremden Hunden im Haus platziert, um herauszufinden, wie die Hunde sich verhalten, wenn ihre Menschen nach Hause kommen. Frei von Schuld an dem Häufchen im Wohnzimmer, müssten sie doch alle locker und entspannt sein, sollte man meinen. Die Hunde verhielten sich jedoch genauso „schuldbewusst", als wenn das Häufchen von ihnen gewesen wäre. Wenn Hunde wissen, dass

Foto © Manuela Zaitz

Sprühhalsbänder versprechen eine – vermeintlich – schnelle Lösung.

der Anblick eines Häufchens ihre Menschen wütend macht, reagieren sie entsprechend.

Ich verstehe alle verzweifelten Hundehalter:innen, die beim Heimkommen Chaos vorfinden. Es ist schlimm, wenn der Türrahmen angenagt ist und man erst Urinpfützen wegwischen muss. Ich habe Verständnis für Wut, Ärger und Verzweiflung darüber, aber ich wiederhole mich hier, weil es so wichtig ist: Nichts davon hat euer Hund getan, um euch zu ärgern. Er hatte Angst und Stress. Seid die verlässliche Bezugsperson, die euer Hund braucht!

Den Hund belohnen, wenn man nach Hause kommt

Man könnte auf die Idee kommen, das Training wie folgt kleinschrittig zu gestalten: Tür auf, raus, wieder rein, Hund war still, dann bekommt er ein Leckerchen.

Wir müssen hier aber genau hinschauen, was wir eigentlich belohnen wollen. Wir wünschen uns einen entspannten, ruhigen Hund, der keinen Stress hat. Belohnen und somit verstärken können wir aber lediglich Verhalten, keine Emotionen.

Man könnte sich nun sagen, dass man den Hund in diesem Fall für ruhiges Verhalten belohnt – das kann nicht so verkehrt sein, oder vielleicht doch? Was genau belohnen wir bei folgendem Ablauf: Haus verlassen – einige Sekunden warten – Tür öffnen – Hund kommt uns einigermaßen entspannt entgegen – Hund bekommt ein Leckerchen? Höchstwahrscheinlich das Herankommen an die Tür, denn dieses Verhalten hat der Hund gezeigt, unmittelbar bevor wir belohnt haben. Mist, das war nicht unser Ziel!

Wer jetzt überlegt, ob wir vielleicht mit „Platz, Bleib" vorankommen könnten, mit dem möchte ich noch ein Stückchen weiterdenken. Grundsätzlich müssen wir aufpassen, dass wir beim Trainieren eines „Platz, Bleib" nicht zu viel Spannung aufbauen. Aber selbst wenn uns das gelingt, der Hund also in einer entspannt wirkenden Position liegen bleibt, bis wir zurückkommen, können wir dadurch ausschließen, dass er Angst und Stress hat? Nein. Wir können nur das Verhalten verstärken, nicht die Emotion, und schon gar nicht die Abwesenheit einer Emotion.

Abgesehen davon bauen wir beim Hund eine hohe Erwartungshaltung in Verbindung mit unserer Rückkehr auf. Das ist meiner Meinung nach nicht vereinbar mit Entspannung. Ebenfalls nicht zielführend ist, dass der Hund bei dieser Art Training gezwungen wäre, die gesamte Zeit im „Platz, Bleib" zu verharren. Das würde vielleicht für einige Minuten funktionieren, jedoch ist unser langfristiges Ziel, ins Kino zu gehen oder den halben Tag zu arbeiten.

Getragene Klamotten beim Hund lassen

Habt ihr eurem Hund schon einmal ein getragenes T-Shirt von euch hingelegt, damit er euch riechen kann und sich so weniger allein fühlt? Die Idee ist schön, umsichtig, warmherzig und sie schadet auch nicht. Wenn ihr an einem fremden Ort seid, etwa in einer Ferienwohnung oder in einem Hotel, kann das tatsächlich hilfreich sein. Hat euer Hund allerdings daheim Trennungsstress, wird euer getragenes T-Shirt nicht den Durchbruch bringen. Eure gesamte Wohnung riecht nach euch, da braucht es kein extra Kleidungsstück, um den Hund an euch zu erinnern. Wenn euer Hund gern auf getragener Kleidung schläft, könnt ihr ihm natürlich trotzdem etwas hinlegen. Als alleinige Strategie für entspanntes Alleinbleiben wird es nicht ausreichen.

Musik oder Fernsehen anmachen, um vorzugaukeln, dass jemand im Haus ist

Eine Geräuschkulisse in der Wohnung, um Geräusche von außen, aus dem Treppenhaus oder aus anderen Wohnungen abzumildern, kann hilfreich sein. Euer Hund wird allerdings nicht glauben, dass noch jemand im Nebenzimmer ist. Dafür sind Hunde zu clever. Deswegen wird das allein auch nicht ausreichen, um einem Hund den Trennungsstress zu nehmen. Unterstützend wirken kann es durchaus, da es Außengeräusche eventuell in den Hintergrund rücken lässt. Musik, die durch konditionierte Entspannung bereits positiv und mit Ruhe verknüpft wurde, kann ebenfalls helfen.

Ich nutze für meine Hunde klassische Bar-Pianomusik. Keine anspruchsvolle klassische Musik, sondern etwas, das man im Hintergrund hören kann. Idealerweise legt ihr euch eine Playlist an mit der Musik, die für euch infrage kommt. Zum einen könnt ihr so die Musik auswählen, die auf euren Hund entspannend wirkt, zum anderen birgt es gewisse Risiken, wenn ihr einfach das Radio oder den Fernseher laufen lasst. Ihr habt keinerlei Kontrolle über das, was gesendet wird, und wenn im Radio oder TV plötzlich ein Beitrag kommt, in dem es um das tolle Kirmesfeuerwerk nächste Woche, die beginnende Ferienzeit und volle Flughäfen oder um eine Hundemesse in eurer Stadt geht, kann die entsprechende Geräuschkulisse bei eurem Hund für Unruhe sorgen.

Mit einer selbst zusammengestellten Playlist oder einem schönen Hörbuch habt ihr die Kontrolle und seid auf der sicheren Seite.

Manche Hunde schlafen gern auf getragenen Kleidungsstücken.

Ordentlich auspowern

Nicht zuletzt durch die Fernsehshow eines amerikanischen Hundetrainers haben Hundehalter:innen die Idee bekommen, man müsse den Vierbeiner nur ordentlich auspowern, dann könne dieser in unserer Abwesenheit relaxt und müde schlafen.

Ich bin absolut dafür, Hunde entsprechend ihrer Fitness geistig und auch körperlich auszulasten, das gehört für mich zu einer vernünftigen Hundehaltung dazu. Die Idee, den Hund vor dem Alleinbleiben eine Stunde am Fahrrad laufen zu lassen oder ihm Bällchen oder Frisbees zu werfen, um ihn ordentlich müde zu spielen, ist leider wenig zielführend. Wenn ihr selbst sportlich aktiv seid, werdet ihr wissen, wie das ist, wenn man sich körperlich ausgepowert hat. Nach einem angemessenen Cool down kommt man energiegeladen nach Hause, hat das Gefühl, man könne Bäume ausreißen, und ist oft noch richtig hochgepusht. Ich hatte direkt nach dem Sport zumindest nie das Gefühl, ich könne mich jetzt auf die Couch legen und schlafen.

Etwas zum Kauen geben

Kauknochen, Kopfhautplatten, mit Leckerchen gefülltes Hundespielzeug – all das sind wunderbare Dinge, die viele Hunde lieben und die man nach dem Geschmack seines Vierbeiners auswählen kann. Kauen kann beruhigend auf Hunde wirken, muss aber nicht. Um das einschätzen zu können, müsst ihr euren Hund gut beobachten. Wenn euer Hund schon mal Türen oder Stuhlbeine angenagt oder Tapete von den Wänden geholt hat, liegt die Idee nahe, ihm in eurer Abwesenheit etwas zum Knabbern zu geben, damit er sein Kaubedürfnis an geeigneten Objekten befriedigen kann.

Kauartikel müssen ausreichend groß sein, damit der Hund sich nicht verschlucken kann.

Wenn euer Hund jedoch ganze Wände zerkratzt oder den Rahmen der Tür zerstört, durch die ihr das Haus verlassen habt, ist es unwahrscheinlich, dass er damit sein Kaubedürfnis befriedigt. Solche Vierbeiner versuchen eher, das Hindernis Tür zu überwinden, um zu uns zu gelangen. Ein Hund, der so massiv leidet, kann oft vor Kummer nicht mehr fressen, wenn sein Mensch nicht da ist. Der Stresspegel ist dann so hoch, dass es ihm den Appetit verschlägt. Und selbst wenn diese Hunde noch fressen, geht es ihnen nicht gut dabei. Nicht wenige werden durch das Kauen vielleicht eine Weile abgelenkt, aber sobald der Kauknochen aufgekaut oder der Kong® leer gelutscht ist, entfällt diese Ablenkung und die Trennungsangst setzt ein.

Im besonders ungünstigen Fall stellt der Hund eine Verbindung zwischen der Gabe des Knabberzeugs und dem Verlassen des Hauses her. Wenn Kauartikel für den Hund eure Abwesenheit ankündigen, kann es sein, dass er sie bald generell nicht mehr mag.

Und wenn das nicht geschieht, „kauft" ihr euch mit Kauartikeln letztendlich nur Zeit. Der Hund bleibt nicht allein, weil er das gelernt hat, sondern nur so lange, wie die Ablenkung hält. Das mag nun für kürzere Abwesenheit als praktikable Lösung erscheinen, aber wer kann schon genau berechnen, wie lange ein Kausnack oder ein mit Futter gefülltes Spielzeug reicht? Falls ihr das als Managementmaßnahme nutzt, um zum Briefkasten zu gehen oder kurz die Wäsche aufzuhängen, mag ich euch das nicht schlechtreden. Ihr solltet euch nur darüber bewusst sein, dass dies kein Training ersetzt. Später, wenn euer eigentliches Training schon erste Erfolge zeigt und euer Hund eine kleine Weile gut allein bleibt, könnt ihr Kauartikel einführen, sofern der Hund sie mag und ihr gut auswählt, was ihr ihm in eurer Abwesenheit zur Verfügung stellt.

Übers Mikrofon mit dem Hund sprechen

Es gibt spezielle Hundeüberwachungskameras, über die ihr euren Vierbeiner nicht nur daheim sehen, sondern auch mit ihm sprechen und sogar ein Leckerchen auswerfen könnt. Die Idee klingt faszinierend und scheint gut durchdacht. Beachtet dabei bitte, dass eine Stimme durch einen Lautsprecher verfremdet klingt und der Hund euch nicht zwangsläufig erkennt. Es könnte also Angst auslösend sein, wenn plötzlich eine für den Hund fremde Stimme ertönt. Erkennt euch der Hund tatsächlich, kann es passieren, dass er sich aufregt und beginnt, euch zu suchen. Wenn ihr eine solche Kamera habt und plant, sie zu nutzen, solltet ihr vor der Anwendung im Ernstfall zunächst ausprobieren, wie euer Hund reagiert. Ich selbst habe schon versucht, mit meinen Hunden über das Mikrofon meiner Kamera zu sprechen. Sie haben meine Stimme nicht erkannt und so wenig reagiert, wie sie es bei Stimmen aus dem Radio tun.

Was den möglichen Auswurf von Leckerchen bei bestimmten Kameramodellen betrifft, bin ich zwiegespalten. So gern ich erwünschtes Verhalten bei Hunden belohne, so wichtig ist es mir auch, dass Hunde entspannt vor sich hin dösen können, wenn sie allein daheim bleiben. Wenn nun in unregelmäßigen Abständen immer mal wieder Kekse aus der Maschine purzeln, besteht die Gefahr, dass eine Erwartungshaltung entsteht, und die Entspannung ist dahin.

Für den Preis der Kamera mit Leckerchenauswurf könnt ihr derzeit sechs gute normale Kameras kaufen und damit jeden Winkel der Wohnung abdecken. Das wäre meine Wahl.

Vorsicht!

Bei vielen Kauartikeln besteht die Gefahr, dass der Hund ein Reststück verschluckt und es ungünstig im Hals stecken bleibt. Es kann außerdem passieren, dass er das mit Leckerchen gefüllte Spielzeug zerlegt und mitfrisst. Wenn der allseits beliebte Kong® oder ein ähnliches befüllbares Objekt in der Größe nicht optimal zum Hund passt, kann sich unter Umständen der Unterkiefer in dem Spielzeug verkanten. In all diesen Fällen braucht der Vierbeiner sofortige Hilfe.
Mir ist das alles zu heikel, weshalb es bei uns solche Kauartikel nur unter Aufsicht gibt. Einzige Ausnahme sind die großen Kopfhautplatten, die meine Hunde manchmal bekommen. Sie messen gut 30 x 30 cm, und meine Hunde brauchen sehr lang, um auch nur eine Ecke davon weich zu lutschen und zu fressen. Wenn ihr mehr als einen Hund habt, bedenkt bitte zusätzlich, dass Kauartikel zu Ressourcenproblematiken zwischen den Hunden führen können, die ihr in Abwesenheit nicht managen oder abfangen könnt.

Radiuseinschränkung

Wenn ein Hund beim Alleinbleiben Dinge zerstört, mag die Unterbringung in einer Hundebox auf den ersten Blick als praktische Lösung erscheinen. Schließlich kann der Vierbeiner nun an nichts mehr gelangen, was er kaputt machen könnte. Dazu kommt der Gedanke, dass viele Hunde sich in höhlenartigen Räumen wohlfühlen.

Aus verschiedenen Gründen funktioniert das so nicht. Die Unterbringung von Hunden in Boxen oder Kenneln ist in Deutschland vom Gesetzgeber nur stark eingeschränkt erlaubt, und das zu Recht. Wird ein Hund mit Trennungsangst in einer Box untergebracht und

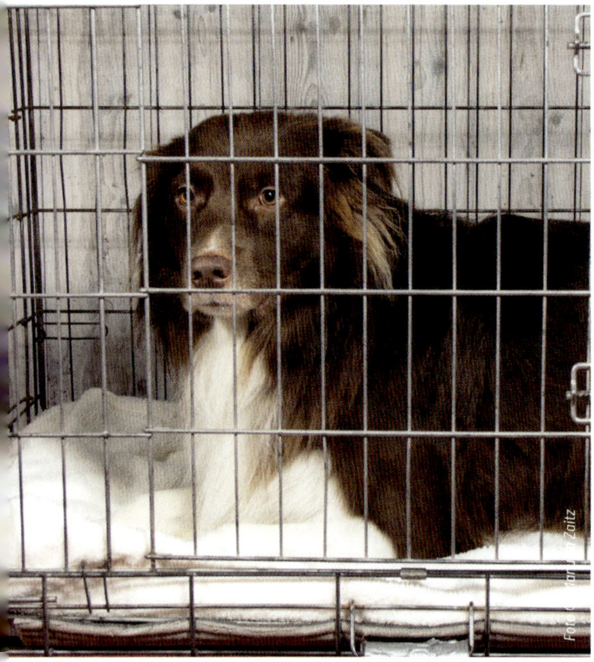

Boxentraining für Autofahrten oder Notfälle ist sinnvoll. Für das Alleinbleibtraining ist eine Box nicht zielführend.

allein gelassen, ist das tierschutzrelevant. Er kann sich massiv verletzen, wenn er in Panik gerät und versucht, aus der Box zu entkommen. Bitte zieht das Einsperren nicht in Erwägung. Euer Hund muss die Möglichkeit haben, sich zu bewegen, die Position zu wechseln und sich zu strecken. Der Aufbau einer ausreichend großen Wohlfühlzone, eines Safe Space, ist unerlässlich.

Mit „Radiuseinschränkung" ausdrücklich NICHT gemeint ist, wenn ihr zum Beispiel Zimmertüren schließt. Wenn euer Hund auf Geräusche aus der Nachbarwohnung empfindlich reagiert und ihr diese durch Schließen einer Tür zu einem bestimmten Zimmer dämpfen könnt, dann tut das.

Klarstellen möchte ich in diesem Zusammenhang noch: Boxentraining ist sinnvoll, um einen Hund den Aufenthalt in einer geschlossene Box zu gewöhnen, wie wir sie beim Autofahren aus Sicherheitsgründen benötigen. Auch für den Fall einer Erkrankung oder für kurze Managementmaßnahmen ist es wichtig, dass der Hund eine geschlossene Box als einen angenehmen Ort kennenlernt, an dem er sich wohlfühlt.

Wenn ihr nun Sorge um eure Einrichtung habt, kann ich euch beruhigen. Wir gestalten das Training so kleinschrittig, dass der Hund nicht an seine Grenzen kommt. Wir wollen schließlich Erfolge feiern.

Wenn meine Hunde allein sind, haben sie Zugang zum kompletten Erdgeschoss, also exakt zu den Räumen, zu denen sie Zugang haben, wenn ich da bin. Die Treppe zum Obergeschoss ist zu steil, die gehen sie nie hoch; zur Sicherheit befindet sich dort ein Kindergitter. Jeder meiner Hunde hat seinen Lieblingsplatz an einer anderen Stelle, in verschiedenen Räumen, manchmal teilen sie sich aber auch einen der Plätze. Würde ich sie auf einen Raum beschränken, wären die Liegeplätze automatisch weniger und sie müssten sich stärker arrangieren. Mehr Platz und mehr Möglichkeiten sorgen hier für größeres Wohlbefinden.

Warten, bis der Hund aufhört zu jaulen oder zu bellen

Als ich vor Jahrzehnten mit meiner ersten Hündin in der Hundeschule war, wurde mir Folgendes geraten: Wenn ich das Haus oder das Auto verlasse und meine Hündin jault oder bellt, sollte ich für sie unsichtbar bleiben und erst dann zurückkehren, wenn sie damit aufhört. So würde sie lernen, dass der Mensch zurückkommt, wenn sie still ist. Würde ich hingegen zurückkommen, solange sie bellt oder jault, würde ich das Verhalten bestätigen, und sie würde beim nächsten Mal noch mehr und noch früher bellen. Das habe schließlich zuvor „funktioniert", weil ich auf ihren Ruf gehorsam zurückgeeilt sei.

Damals klang das in meinen Ohren schlüssig. Was mir aber niemand erklärt hat: Natürlich kann es passieren, dass der Hund abspeichert: Jaulen/Bellen = Meine Leute kommen zurück. Und ja, das ist eine ungünstige Verknüpfung. Jedoch habt ihr die Wahl zwischen Pest und Cholera, denn wenn ihr nicht zurückkommt, werden Angst und Stress des Hundes unweigerlich steigen. Das wird weitere Alleinbleibzeiten für den Hund nicht einfacher, sondern schwieriger machen. Genau aus diesem Grund gestalten wir unser Training so, dass der Hund gar nicht erst anfängt, sich auf diese Weise zu äußern.

Hunde jaulen oder bellen, weil sie uns zurückrufen wollen, und nicht, um sich darüber zu beschweren, dass wir ohne sie gegangen sind. Die Lautäußerung ist Ausdruck von Angst und Stress, kein willentlich gezeigtes Verhalten. Wie ihr schon wisst, können wir Emotionen nicht verstärken. Wir können die Angst also nicht durch etwas Gutes, in dem Fall unsere Rückkehr, belohnen. Noch unklar?

Nehmen wir an, ihr habt vor etwas starke Angst, zum Beispiel vor Höhen. Ihr befindet euch auf einem steilen Pfad, an dem ihr eine Panikattacke habt, außer euch seid und weint. Glücklicherweise ist ein:e Freund:in bei euch, umarmt euch, tröstet euch, nimmt dann eure Hand und gibt euch Sicherheit. Verstärkt sie damit eure Angst? Habt ihr beim nächsten Mal also mehr Angst, um erneut Zuwendung und Support zu erhalten?

Wenn euer Hund aus Trennungsstress jault oder bellt, tut er das, weil er massiv leidet. Zu warten, bis er damit aufhört, ist nicht zielführend, weil seine Angst in dieser Zeit immer schlimmer wird. Das richtet großen Schaden an.

Erschreckenderweise gibt es im Umgang mit Säuglingen nach wie vor ähnlich krude Theorien. Noch heute wird jungen Eltern erzählt, sie dürften ihre schreienden Babys nicht hochnehmen, weil diese sonst das Durchschlafen nicht lernen würden. Auch das ist Unsinn: Ein schreiender Säugling hat immer ein Bedürfnis. Ganz egal, welches es ist, er ist zu klein, um es selbst zu stillen, und benötigt Unterstützung.

Ein zweiter Hund

Der Vierbeiner hat Angst, allein zu bleiben. Dann besorgen wir ihm doch einfach einen hündischen Kumpel, dann ist er nicht mehr allein, hat also auch keine Angst mehr. Dieser Lösungsansatz führt nicht selten dazu, dass man ab diesem Zeitpunkt zwei Hunde mit Trennungsstress hat. Ganz abgesehen davon, dass man sich die Anschaffung eines Haustiers grundsätzlich gut überlegen sollte: Habe ich die Zeit dazu, die Nerven, das Geld, auch wenn beide gleichzeitig krank werden? Was mache ich, wenn die Hunde sich nicht verstehen? Ist der/die Hundesitter:in bereit, auf zwei Hunde aufzupassen?

Aus Erfahrung kann ich sagen: Zwei Hunde zu haben bedeutet mehr als die doppelte Arbeit, zumindest wenn man die – teilweise unterschiedlichen – Bedürfnisse von allen Beteiligten achten möchte. Selten läuft ein zweiter Hund einfach so mit. Sicherlich kommt es individuell darauf an, was man erwartet, aber in jedem Fall müssen die Grundlagen erlernt und geübt werden.

Wann immer ihr denkt: „Ha, simple Lösung, machen wir so", denkt noch mal alles genau durch. Leider sind die Ansätze, die nach einem schnellen Ende des Problems klingen, eher selten eine gute Strategie. Wenn ihr Leute kennt, bei denen das funkti-

Foto © Manuela Zaitz

Hilft ein Hundekumpel tatsächlich beim Alleinbleiben?

oniert hat, freue ich mich über das Glück von Mensch und Tier. Im Zweifel würde ich mich jedoch immer auf Training verlassen, nicht auf mein Glück.

Zig mal Schuhe anziehen, Jacke anziehen …

Vielleicht kennt ihr den Tipp: Man soll sehr oft am Tag Jacke und Schuhe anziehen, dann die Schlüssel und die Tasche nehmen und sich wieder hinsetzen. Wenn der Hund dabei aufgeregt um einen herumspringt, wiederholt man das so lange, bis er entnervt aufgibt, weil nichts Spannendes passiert und man gar nicht geht.

Der Hund soll also lernen, dass das Zur-Hand-Nehmen von Tasche und Schlüssel, das Anziehen von Jacke und Schuhen keine Bedeutung hat und nicht ankündigt, dass seine Leute jetzt gehen. Klingt irgendwie logisch, oder?

Leider gibt es dabei ein Problem: Wenn wir wirklich gehen, nehmen wir ebenso unsere Jacke, den Schlüssel und das ganze andere Zeug. Das lässt sich nicht vermeiden. Der Hund lernt also nur, dass diese Handlungen häufig keine Bedeutung haben, manchmal aber doch.

Wir bauen Ankündiger für das Alleinbleiben, wie Jacke und Schlüssel nehmen, später auch in unser Training ein, aber erst, wenn der Hund bereits eine kurze, überschaubare Alleinbleibzeit schafft. Dann werden diese Trigger, die wir ohnehin nicht dauerhaft aus unserem Leben streichen können, zum Zeichen für unsere Abwesenheit in einem Zeitrahmen, den der Hund gut bewältigen kann.

Sich aus dem Haus schleichen

Wenn ihr einen erwachsenen Hund habt, wird euch das kaum gelingen, aber Welpen und alte oder taube Hunde schlafen oft so fest, dass sie es nicht mitbekommen würden, wenn wir das Haus verlassen. Mal angenommen, ihr schafft es: Was passiert, sobald der Hund wach wird?

Zunächst wird er sich wohl umschauen und auf die Suche nach euch gehen. Findet er euch nirgendwo, wird er höchstwahrscheinlich unruhig werden, auf und ab laufen und versuchen, sich bemerkbar zu machen.

Ich rate euch dringend davon ab, so vorzugehen. Im schlimmsten Fall traut sich euer Hund bald nicht mehr zu schlafen, weil er nie weiß, ob ihr noch da seid, wenn er wieder wach wird. So etabliert ihr eventuell ein Trennungsproblem, das ihr mit durchdachter Herangehensweise hättet vermeiden können.

Was beim Training wirklich helfen kann

Kameras

Um eine Ahnung davon zu bekommen, wie es unseren Hunden geht, wenn wir sie allein lassen, müssen wir ihr Verhalten beobachten können. Durchs Fenster schauen wird nicht funktionieren, weil die Hunde uns wahrnehmen. Aber heute gibt es zum Glück Technik, die wir nutzen können: Kameras sind eine sehr gute Lösung. Damit sehen wir live, in Farbe und hochauflösend, was der Hund gerade tut. Das erleichtert das Training ungemein.

Ich kann gut verstehen, wenn man sich nicht gleich jede Menge Technik anschaffen will, aber einige Dinge habt ihr wahrscheinlich ohnehin daheim. Für den Anfang braucht ihr einen Internetanschluss, mindestens ein Gerät, das euren Hund daheim aufnehmen kann, wie ein älteres Handy, ein Tablet oder ein Laptop, sowie ein Handy mit mobilem Internet, mit dem ihr euch von draußen zuschalten könnt. Das funktioniert für die ersten Trainings wunderbar und kostenlos mit Skype, Teams oder Zoom, je nachdem, was ihr kennt und womit ihr vertraut seid.

Falls ihr später mehr möchtet, könnt ihr euch eine Kamera zulegen. Für relativ kleines Geld gibt es batteriebetriebene Kameras, die unabhängig vom Stromnetz aufgestellt werden können und die eine exzellente Bildqualität haben. Durch die Weitwinkelaufnahme lässt sich damit ein recht großer Bereich abdecken. Obwohl meine Hunde gut allein bleiben können, nutze ich in meinem Haus Kameras, weil es mich beruhigt, in meiner Abwesenheit sehen zu können, ob es allen gut geht. Ich habe mich für das System von Blink entschieden. Dort kann ich alle Kameras in einer App verwalten, kann live in die einzelnen Zimmer schalten, und sobald Bewegung stattfindet, zeichnet die Kamera auf. Ich kann unterschiedliche Muster einstellen, bei denen das System mir eine Push-Nachricht aufs Handy schickt, etwa bei Bewegungen oder bei Bewegungen in bestimmten Zonen, je nachdem, welche Einstellung ausgewählt ist. Zudem zeichnen die Kameras auch Geräusche auf, und man könnte die Mikrofonfunktion nutzen, um mit den Hunden zu sprechen. Ich persönlich halte das für nicht sinnvoll, wie ich zuvor im Abschnitt „Übers Mikrofon mit dem Hund sprechen" schon erklärt habe.

Ein Alleinbleibtraining ganz ohne Kamera halte ich für nicht zielführend, weil wir dabei nicht beurteilen können, wie es dem Hund gerade geht. Im Trüben zu fischen und zu versuchen, das Training, basierend auf

Annahmen über das Befinden des Hundes zu gestalten, geht zulasten des Hundes und wird eher länger dauern, sofern es überhaupt funktioniert.

Konditionierte Entspannung mit einem Duft

Konditionierte Erregung kennen wahrscheinlich viele von euch. Es klingelt, der Hund rennt bellend zur Tür und macht ein Riesentrara, bis man endlich die Tür öffnet. Dieses Verhalten lässt sich zuverlässig mit jedem Klingeln abrufen. Während diese Art der Konditionierung eher unbeabsichtigt erfolgt, kann man den Gegenspieler, die konditionierte Entspannung, gezielt für sich nutzen.

Es gibt unterschiedliche Varianten der konditionierten Entspannung. Für das Alleinbleiben kann uns ein Duft helfen. Ihr könnt eine fertige Mischung verwenden, aber auch verschiedene naturreine Öle, die ihr dann selbst verdünnen müsst, damit der Duft nicht zu intensiv wird. Das ist meist deutlich kostengünstiger und lässt sich auf die individuellen Bedürfnisse abstimmen. Besorgt euch hierfür ein naturreines Öl aus dem Drogeriemarkt oder dem Reformhaus und ein kleines Pipettenfläschchen (20 bis 50 ml) aus der Apotheke. Füllt dann das Fläschchen mit Wasser und gebt ein bis zwei Tropfen des Öls hinzu. Wichtig ist, ein naturreines Öl zu nehmen und kein synthetisch hergestelltes Öl. Das ist immer auf den Fläschchen vermerkt und meist sind die naturreinen Öle etwas teurer. Häufig werden Lavendel und Kamille als Entspannungsdüfte empfohlen. Wenn ihr die Möglichkeit habt, lasst euren Hund den Duft auswählen. Bei meiner Hündin Scully habe ich damals ein Zitronenöl genommen; alle anderen Düfte, die ich ihr präsentiert habe, mochte sie nicht.

Wichtig: Tropft die Duftmischung nicht auf das Körbchen, sonst könnt ihr den Duft nur schwer entfernen, wenn euer Hund ihn nicht mag. Verwendet stattdessen ein Tüchlein. Dass ihr den Duft nicht auf den Hund tropfen sollt, muss ich euch sicher nicht sagen.

Steht euer Hund auf und geht, wenn er den Duft riecht, mag er ihn möglicherweise nicht. Versucht es noch einmal, wenn euer Vierbeiner ruht. Verlässt er dann wieder seinen Platz, ist das ein sicheres Zeichen, dass ihr einen anderen Duft wählen solltet.

Im Idealfall mögt ihr den Duft beide, denn ab sofort koppelt ihr ihn immer mit Situationen, in denen der Hund schon ruhig und entspannt ist. Wenn ihr beispielsweise zusammen auf der Couch liegt und kuschelt, wenn der Hund relaxed in seinem Körbchen liegt oder wenn er nachts schläft, kommt euer Entspannungsduft dazu.

Sobald die Ruhephase eures Hundes vorbei ist, nehmt ihr das Dufttüchlein weg und verstaut es zum Beispiel in einem sauberen Vorratsglas, das ihr luftdicht verschließt. Wir wollen, dass die Verknüpfung mit der Entspannung wirklich sauber ist, deswegen muss das Tüchlein unbedingt weggeräumt werden, wenn die Ruhephasen vorbei sind und wieder Action angesagt ist.

Wenn ihr das Dufttüchlein ab einem bestimmten Punkt während der Alleinbleibzeit einsetzt, ist es wichtig, dass ihr es immer wieder in den schon bekannten tatsächlich entspannten Situationen „aufladet". Sonst wird der Duft schnell zum Ankündiger für „Jetzt muss ich allein bleiben", und das ist nicht die Verknüpfung, die wir wollen. Das ist auch der Grund, warum wir den Duft nicht gleich zu Beginn des Trennungstrainings einsetzen. Wir brauchen zunächst eine tiefe und sichere Verknüpfung mit Entspannung und einen Hund, der sich im Rahmen der Trainingseinheiten bereits entspannen kann.

Euer Dufttuch solltet ihr nach Gebrauch in einem luftdicht verschließbaren Behälter verstauen.

Wichtig!

Bei allen Entspannungsverfahren müsst ihr die Entspannung immer wieder „aufladen". Wenn ihr einen Duft, eine Musik oder Geräusche mit Entspannung verknüpft, dann aber nur noch in potenziell stressigen Situationen verwendet, kann das auf Dauer nicht funktionieren. Das „Aufladen" sollte immer deutlich häufiger erfolgen als der Einsatz im Ernstfall. Selbst bei einer 50/50-Nutzung erfolgt keine saubere Verknüpfung mit Entspannung.

Ihr seid skeptisch und könnt euch nicht so richtig vorstellen, dass ein Duft eine solche Wirkung haben kann? Dann möchte ich euch hier ein Beispiel geben, damit es für euch greifbarer wird: Erinnert ihr euch, wie das ist, wenn ihr das erste Mal im Jahr Sonnencreme auftragt? Dieser Duft, der Urlaub, Freizeit und Entspannung verheißt? Jedes Jahr erlebe ich das aufs Neue zu Beginn des Sommers und es beamt mich sofort in eine positive, entspannte Stimmung. Anders ist das wahrscheinlich bei Menschen, die auf dem Bau arbeiten und deshalb jeden Tag Sonnencreme verwenden. Für sie ist dieser Duft nicht an Entspannung und Freizeit gekoppelt.

Ein anderes Beispiel: Nach Jahren bekommt ihr auf einmal das Parfüm eurer ersten großen Liebe in die Nase, weil jemand vor euch in der Supermarktschlange diesen Duft trägt. Vorausgesetzt, ihr hattet mit dem Menschen damals eine tolle Zeit, dann wird es dieser Duft schaffen, euch daran zu erinnern und eure Stimmung positiv zu beeinflussen. So leicht kann man einen Duft an ein Gefühl binden.

Entspannende Musik

Ebenso könnt ihr Musik mit Entspannung verknüpfen. Genau wie bei der Verknüpfung des Dufts mit Entspannung beschrieben, könnt ihr den Aufbau mit Musik gestalten. Idealerweise nehmt ihr ruhige Musik, nicht Techno oder Ähnliches. Ich nutze gern Klaviermusik, die als Loungemusik oder etwas despektierlich als Fahrstuhlmusik bezeichnet wird. Gute, unaufdringliche Hintergrundmusik. Entscheidet euch für etwas, das auch ihr gerne mögt, denn ihr werdet es während der Konditionierung oft hören. Der Bonus dabei: Die Konditionierung wirkt nicht nur beim Hund, sondern ebenso bei Menschen. Ihr kennt das bestimmt: Im Radio wird ein Song gespielt und „bämm" – ihr habt eine wunderbare Erinnerung: Schmuseblues mit fünfzehn, die erste große Liebe. Ein angenehmes Gefühl macht sich breit.

Bestimmte Arten von Musik, die ich für meine Hunde nutze, bringen mich total runter. Ich bin Hobbyfotografin und ich spiele diese Art von Hintergrundmusik bei mir im Studio, wenn ich Hunde fotografiere. Dabei habe ich die Erfahrung gemacht, dass sie – ganz ohne Konditionierung – Menschen und Hunde runterfährt und ein wenig beruhigt. Mal abgesehen von der angenehmen Atmosphäre, die durch sie entsteht.

Und jetzt ein Shoutout für die heutige Technik. Denn die kann in diesem Bereich richtig viel. Wenn ihr über einen Echo Dot oder eine Alexa verfügt, könnt ihr dort eine sogenannte Routine einstellen. Diese Routine verknüpft Dinge miteinander. Wenn mein Echo Dot Hundegebell wahrnimmt, zum Beispiel aus meinem Seminarraum, der direkt mit dem Haus verbunden ist, dann spielt er automatisch für die voreingestellte Zeit (bei mir eine halbe Stunde lang) die von mir ausgewählte beruhigende Klaviermusik für meine Hunde ab. Auch wenn von draußen Hundegebell ertönt, weil die Hunde der Nachbarn im Garten bellen, springt er sofort an. Außerdem informiert er mich per Push-Nachricht darüber.

RelaxoPet®

Das ist ein kleiner Lautsprecher, der neben einer recht angenehm monotonen Melodie auch mit speziell entwickelten unterschwelligen hochfrequenten Schwingungen und Tonfolgen für Entspannung sorgen soll.

Es gibt unterschiedliche Modelle. Ich besitze noch einen ganz alten Relaxodog und einen RelaxoPet® PRO, der mit Mikrofonen den Raum überwacht und sich bei Geräuschen automatisch für 30 Minuten einschaltet. Das Gerät ist klein, leicht, kann kabellos mit einem Akku betrieben werden und ist somit auch für Reisen geeignet. Der Akku ist ziemlich leistungsstark – selbst nach Jahren hält er bei mir noch locker 18 Stunden durch, weswegen dieses kleine Gerät mein Favorit für unterwegs ist. Wen die etwas eintönige Melodie nervt, der kann das Gerät stumm stellen. Der Hersteller verspricht, dass die subliminalen Wellen im lautlosen Modus ebenfalls für Entspannung sorgen.

Auch beim RelaxoPet® ist eine Konditionierung erforderlich, damit er eine entspannende Wirkung hat.

White Noise, Pink Noise und Brown Noise

Bei White, Pink oder Brown Noise handelt es sich nicht um ein einzelnes Geräusch und auch nicht um eine Melodie, sondern um eine sehr dichte Geräuschkulisse aus verschiedenen Tonhöhen, die beruhigend wirken können. Dabei bedienen sich die einzelnen Formen unterschiedlicher Tonfrequenzen. Manchen Menschen hilft White Noise, Umweltgeräusche auszublenden, um sich besser konzentrieren oder entspannen zu können. Ich habe in stressigen Phasen in meinem Leben manchmal einen leichten Tinnitus. Brown Noise hilft mir dabei, ihn auszublenden und mich besser zu konzentrieren.

Grob erklärt deckt White Noise das gesamte Frequenzspektrum ab, Pink Noise ist in den Höhen etwas weicher und Brown Noise bedient mehr die Tiefen. Soundbeispiele könnt ihr bei YouTube oder bei unterschiedlichen Streamingdiensten anhören und nutzen. Probiert aus, was euch und eurem Hund behagt.

Gerade zum Maskieren von Außengeräuschen ist es gut geeignet. Wenn euer Hund

Den RelaxoPet® kann man auch im Lautlos-Modus nutzen.

Das ThunderShirt® kann dem Hund helfen zu entspannen.

schnell hochfährt oder schlecht zur Ruhe kommt, wenn er Geräusche aus dem Haus oder von der Straße wahrnimmt, lohnt sich der Versuch, ob ihr damit eine Verbesserung erreichen könnt.

Wichtig: Bitte nur als leises Hintergrundgeräusch abspielen, nicht in Discolautstärke.

ThunderShirt®

Das ThunderShirt® ist ein elastisches Kleidungsstück, ein Shirt für den Hund, das eng am Körper getragen wird. So übt es konstanten Druck auf den Körper des Hundes aus. Es kann dem Vierbeiner helfen, sich zu entspannen. Ihr solltet euren Hund allerdings an das Tragen sowie an das An- und vor allem das Ausziehen gewöhnen. Das ThunderShirt® wird mit breiten Klettverschlüssen geschlossen und vielen Hunden ist das Geräusch beim Öffnen so nah an ihrem Körper unangenehm. Mit ein wenig Übung und vielen Belohnungen finden die meisten Hunde das An- und Ausziehen ganz okay.

Ich würde euch allerdings dazu raten, euren Hund während eurer Abwesenheit weder ein Shirt noch ein Geschirr oder ein Halsband tragen zu lassen. Das mag übervorsichtig klingen, aber wenn sich ein Hund damit unglücklich irgendwo verfängt, kann das fatal sein.

In der Trainingsphase unter Kameraüberwachung halte ich es jedoch für vertretbar, und es kann vielleicht noch für ein Quäntchen mehr Gelassenheit während der Übungseinheiten sorgen. Eine ähnliche Technik findet sich im Tellington T-Touch® mit Körperbändern. Es gibt hier unterschiedliche Wickeltechniken mit elastischen Bandagen, die für Entspannung sorgen können. Die Anwendung des ThunderShirts® ist durch das einfache und passgenaue Anziehen mithilfe der

Klettverschlüsse für Hundehalter:innen jedoch weitaus einfacher und praktikabler.

Wenn ihr skeptisch seid und euch nicht so recht vorstellen könnt, dass so etwas wirkt, kann ich das gut nachvollziehen. Vor vielen Jahren hatte ich eine Border-Collie-Mix-Hündin, die in verschiedensten Situationen arg gestresst war. Ich war superskeptisch, hatte aber viel Gutes darüber gehört und wollte es probieren. Zur Not hätte ich es mit minimalem Verlust weiterverkaufen können. Das Shirt kam, wir zogen es an, und mir war klar: Das bleibt. Scully hat das sehr geholfen und der Effekt war sofort sichtbar.

Für Menschen kennen wir vergleichbare Hilfsmittel: Es gibt „Gewichtsdecken", die ähnlich funktionieren. Durch ihre Schwere sollen sie Halt geben, beruhigend wirken und für besseren Schlaf sorgen. Eltern von sogenannten Schreibabys kennen vielleicht das Pucken, eine Technik, bei der die Säuglinge ganz eng in eine Decke gewickelt werden, die oft bei Unruhe hilft.

Stressreduktion

Je stressfreier ihr den Alltag für euren Hund gestaltet, umso leichter wird ihm die Entspannung fallen. Wurde euer Hund gerade frisch aus dem Auslandstierschutz adoptiert und ist von der beschaulichen griechischen Insel nun in eine deutsche Großstadt gezogen, in der die gesamte Umwelt neu und gruselig ist, belastet ihn das wahrscheinlich stark. Vielleicht wurde aber auch direkt vor eurer Tür eine Großbaustelle eingerichtet oder die Wohnung neben euch wird kernsaniert. Da ist die Belastung durch die fremden Geräusche und den Lärm immens.

Es kann außerdem sein, dass euer Hund durch den Ausblick aus dem Fenster gestresst ist. Liegt das Fenster eventuell so, dass er ständig Leute draußen beobachten kann und bei jedem vorbeigehenden Hund gestresst ist und bellt? Dann beklebt das Fenster für eine Weile mit Zeitungspapier und schaut, ob ihr so für etwas mehr Ruhe sorgen könnt.

Nicht immer können wir alle Stressoren ausschalten, aber wir können überlegen, wo sie sich reduzieren lassen. Denkt kurz zurück an Phasen eures Lebens, in denen ihr durch Stress belastet wart. Häufig schaffen wir selbst es kaum, auf uns zu achten und die Stressoren zu reduzieren, damit wir keinen körperlichen Schaden nehmen. Unsere Hunde können das für sich nicht leisten, deswegen müssen wir auch diesen Faktor im Auge behalten.

Faustregel

Wenn es uns sozialen Säugetieren nicht gut geht, steigt unser Bedürfnis nach Beziehung, Kontakt, Fürsorge. Alles, was das Wohlbefinden einschränkt, macht trennungsbedingtes Verhalten wahrscheinlicher. An erster Stelle: Schmerzen.
– Gerrit Stephan

Empathie

Einen Hund mit Trennungsstress daheim zu haben, ist eine Herausforderung, weil es das Leben so sehr einschränkt. Man muss einkaufen, arbeiten, mal zum Arzt, vielleicht möchte man auch einfach nur ins Kino. Wenn man aber weiß, dass der eigene Hund daheim leidet und Dinge zerstört und dass die Nachbarn bei der Rückkehr schon im Flur warten, um zu berichten, dass der Hund gebellt hat,

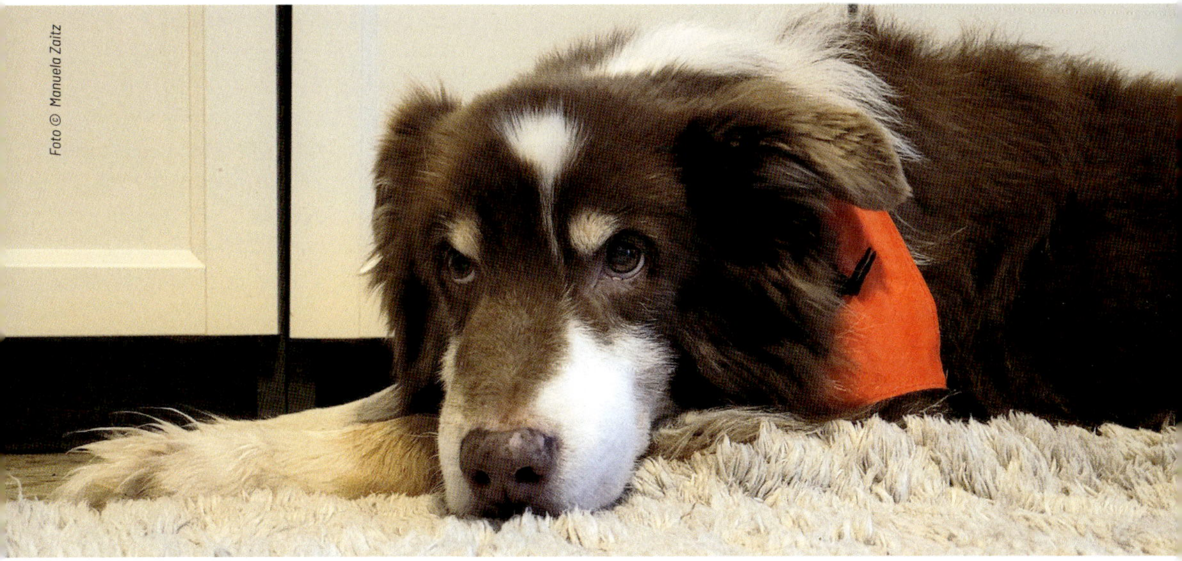

Das Halstuch dient als Pausenankündiger.

dann stresst das ungemein. Wenn wir wiederum selbst unter Stress stehen, sind wir nicht unbedingt fair. Es ist wichtig, sich immer wieder in Erinnerung zu rufen, dass der Hund sich die Situation nicht ausgesucht hat. Könnte er wählen, hätte er sicherlich lieber keine Angst. Wenn etwas zerstört wurde, wenn er ins Haus gemacht hat, wenn er gejault oder gebellt hat, dann nicht, weil er euch bestrafen oder euch das Leben schwer machen wollte, sondern weil er Angst und Panik hatte.

Ich werde das in diesem Buch bewusst häufig wiederholen, weil es hilft, das nicht zu vergessen. Ihr seid verantwortlich für das Wohlbefinden eures Hundes. Das ist nicht immer leicht, aber man kann daran arbeiten. Mir ist wichtig, dass ihr wisst, dass ich euren Leidensdruck ebenfalls sehe. Ich weiß, wie schwierig eure Situation ist und dass es in eurem Umfeld wahrscheinlich viele Menschen gibt, die das „Theater", das ihr um den Hund macht, nicht nachvollziehen können. Nur Mut, beweist eurem Vierbeiner die Freundschaft, die er verdient.
Es lohnt sich!

Freund:innen und Helfer:innen

Ihr werdet Unterstützung brauchen und davon reichlich. Ihr werdet Menschen brauchen, die euch praktisch unterstützen und helfen, wie ihr im Kapitel Management nachlesen könnt, und ihr werdet Menschen brauchen, bei denen ihr auch mal jammern dürft. Denn ihr seid mit einem schwierigen Thema konfrontiert, und darüber darf man mal genervt, traurig und ungehalten sein. Auch als Mensch muss man mit seinen Gefühlen irgendwohin – zu empathischen Freund:innen, die das eigene und das Problem des Hundes sehen, oder man tauscht sich mit Gleichgesinnten aus, die man online trifft, zum Beispiel in Facebook-Gruppen. Gerade wenn das gleiche Trainingsthema verbindet, kann es hilfreich sein, sich gegenseitig zu motivieren, dranzubleiben, sich miteinander über Fortschritte zu freuen und sich zu trösten, wenn es nicht wie geplant vorangeht. Baut euch einen Kreis von Unterstützer:innen auf, ihr werdet sie brauchen. Wenn ihr zu dem Schlag Menschen gehört, die nur schlecht Hilfe annehmen können, geschweige denn, darum bitten: Ich fühle mit euch. Mir geht es genauso, aber man kann das lernen. Mir hilft immer der Gedanke daran, wie gern ich andere unterstütze, wenn sie mich darum bitten. Das nutze ich immer wieder, um mich daran zu erinnern, dass auch andere Menschen gern helfen.

Pausenankündiger

Es ist praktisch und immens hilfreich, wenn man dem Hund mitteilen kann, dass in der nächsten Zeit nichts Spannendes für ihn passieren wird. Damit ist kein unangekündigtes Ignorieren gemeint, sondern ihr könnt den Pausenankündiger gut erarbeiten, meist aus einer Alltagsroutine heraus. Wenn euer Hund schon weiß, dass es sinnlos ist, Spielzeug anzuschleppen, wenn Frauchen oder Herrchen mit dem Handy oder dem Laptop beschäftigt ist, lässt sich das nutzen. Ihr schaltet eine ruhige Musik an und packt diese auf eine Playlist, damit sie immer gleich bleibt, oder ihr nutzt Brown oder White Noise, was praktisch ist, falls ihr Außengeräusche maskieren wollt. Auch ein visuelles Zeichen kann hilfreich sein. Ihr könnt beispielsweise eine Pylone im Raum aufstellen oder eurem Hund immer ein bestimmtes Halstuch umbinden. Falls ihr euch für ein Halstuch entscheidet, wählt bitte eine Variante mit Druckknöpfen, die sich im Notfall auf Zug leicht öffnen. Erst wenn ihr euer akustisches oder visuelles Zeichen gegeben habt, klappt ihr euren Laptop auf oder nehmt euer Handy zur Hand.

Euer Pausenankündiger ist wie die Telefonansage: „Der Teilnehmer ist derzeit nicht erreichbar." Ab dem Zeitpunkt, an dem ihr wieder ansprechbar für euren Hund seid, räumt ihr das visuelle Signal weg oder stoppt die Musik. Wir nutzen den Pausenankündiger später im Training, deswegen solltet ihr ihn vorher einführen.

Geduld und Spucke

Von Herzen wünsche ich mir, ich könnte euch versichern, dass es einfach wird, dass ihr nur diesen paar Punkten folgen müsst, dann ist der Drops gelutscht und euer Hund kann endlich allein bleiben.

Wenn ich einen Zauberstab hätte, ich würde euch sofort helfen, vor allem den Hunden. Aber jeder Hund und jede Situation ist individuell und deswegen können wir leider nicht nach Schema F verfahren. Es gibt keine One-size-fits-all-Anleitung. Ihr braucht Wissen, Zeit, Geduld, Empathie und Helfer:innen, aber ihr könnt das schaffen und euren Hund unterstützen. Bei den vielen kleinen Schritten möchte ich euch zur Seite stehen und euch motivieren, damit ihr es leichter habt. Es ist die Mühe wirklich wert, wenn man entspannt das Haus verlassen und mit Freude Dinge unternehmen kann, in dem Wissen, dass der eigene Hund in der Zeit keinen Stress hat.

Setzt euch kleine, realistische Ziele. Ihr könnt gern ein großes Ziel im Kopf haben, wie einen Kinobesuch oder einen Restaurantbesuch ohne Hund, aber lasst uns mit den kleinen Zielen anfangen. Diese sind wichtig. Wenn ihr gefühlt nur auf den Kinobesuch, euer großes Ziel, hinarbeitet, ist das eine lange Reise, auf der ihr die Teilerfolge leicht übersehen werdet. Das fühlt sich dann eher nach Versagen an.

Ich bin ein großer Fan von Listen: Schreibt euch all die kleinen Ziele auf, damit ihr sie bei Erreichen ordentlich feiern und abhaken könnt. So habt ihr auch an den Tagen, an denen es mal keine Fortschritte gibt, immer auf einen Blick vor Augen, was ihr schon erreicht habt. Jeder von euch definiert die Ziele für seinen Hund individuell. Kleine feine Ziele auf eurer Liste können zum Beispiel sein:

- Haustür schließen und Hund kann noch entspannt bleiben.
- Zum Briefkasten gehen und der Hund ist noch entspannt und kann ruhig liegen bleiben.
- Einmal den Hausflur entlanggehen, die Haustür schließen und bis zehn zählen – der Blick auf die Kamera zeigt, dass der Hund noch gechillt im Körbchen liegt.

Ohne all diese kleinen Ziele lassen sich die großen nicht erreichen. Das klingt alles mühselig und so, als würde es nicht wirklich schnell gehen? Stimmt. Das Gras wächst nicht schneller, wenn man daran zieht. Der Hund bestimmt das Tempo. Wir können daran arbeiten, dass er sich in unserer Abwesenheit wohl und sicher fühlt, aber wir können ihm dabei nicht das Tempo vorgeben. Was wir ihm geben können, ist Sicherheit, und das ist sehr viel wert.

Medikamente

Das ist ein schwieriges Thema, denn es gibt nicht die eine Tablette, die man dem Vierbeiner geben kann, damit er keinen Stress mehr mit dem Alleinbleiben hat, und schon gar nicht sind Medikamente eine Lösung für jeden Fall. Unter bestimmten Voraussetzungen kann eine Medikation aber angebracht sein.

Zu Beginn des Trainings sollte der Hund gründlich untersucht sein, und es sollte feststehen, dass es keine behandlungsbedürftigen Grunderkrankungen gibt. Wenn der Trennungsstress besonders stark ist, der Hund noch andere Baustellen hat und/oder ihr trotz durchdachtem Trainingsplan keine Fortschritte macht, ist es darüber hinaus sinnvoll, dass ihr euch an eine Tierarztpraxis mit Schwerpunkt Verhaltenstherapie wendet.

Immer wieder berichten mir Hundehalter:innen, dass sie gute Erfahrungen mit Bachblüten oder anderen homöopathischen Mittelchen gemacht haben. Ich habe viele Jahre in der Humanmedizin gearbeitet, und die Studienlage zur Homöopathie ist eindeutig: Sie hilft nicht über den Placeboeffekt hinaus. Den darf man allerdings nicht unterschätzen, und wenn das für euch ein Gamechanger ist, probiert es aus. Behaltet aber das Verhalten eures Hundes gut im Auge. Wenn sich nichts tut, probiert bitte nicht weiter allein herum, sondern sprecht mit eurem Tierarzt oder eurer Tierärztin. Bei der Nutzung von Medikamenten geht es nicht darum, den Hund „abzuschießen", sodass er lethargisch wird und nichts mehr von der Umwelt mitbekommt, sondern es geht um eine optimale Unterstützung. Viele der eingesetzten Medikamente kennen wir aus der Humanmedizin, etwa Gabapentin, ein Antikonvulsivum, das zur Behandlung von Epilepsie eingesetzt wird, bei Hunden auch erregungs- und angstmildernd wirken kann. Außerdem besteht die Möglichkeit, selektive Serotonin-Wiederaufnahmehemmer zu geben. Davon habt ihr vielleicht schon mal gehört, wenn ihr Erfahrungen mit Depressionen gemacht habt. Es handelt sich um sogenannte Antidepressiva. Sie können den Gemütszustand eines Hundes verbessern.

Manchmal kann eine Kombination von verschiedenen Medikamenten den Durchbruch bringen. Wichtig: NUR auf Verhalten spezialisierte Tierärzt:innen können entscheiden, welche Medikamente für euren Hund die richtigen sind. Es kann auch sein, dass ihr im Verlauf der Therapie unterschiedliche Medikamente ausprobieren müsst, um die bestmögliche Wirkung zu erzielen. In keinem Fall solltet ihr mit eventuell vorhandenen eigenen Tabletten einen Versuch starten. Die Entscheidung über eine Medikamentengabe gehört in die Hände von Fachleuten. Eine Anpassung der Dosierung sollte ebenfalls nur nach Rücksprache erfolgen.

Die Entscheidung für eine Medikation bedeutet nicht, dass kein Training mehr nötig ist. Es gibt keine Alleinbleibpille, die man verabreicht, und der Fall ist erledigt. Manchmal macht die medizinische Unterstützung allerdings Training erst möglich.

Es gibt freiverkäufliche Nahrungsergänzungsmittel, die unter anderem Aminosäuren wie L-Tryptophan oder L-Theanin enthalten und mit denen einige Kund:innen schon gute Erfahrungen gemacht haben. Aber auch wenn diese freiverkäuflich sind – sobald ihr darüber nachdenkt, dass ihr aufgrund des Verhaltensproblems eures Hundes etwas verabreichen möchtet, solltet ihr euch an euren Tierarzt oder eure Tierärztin wenden.

Als Randbemerkung: Tierärzt:innen und Trainer:innen haben unterschiedliche Spezialisierungen und Überzeugungen. Wenn ihr das Gefühl habt, dass das Problem eures Hundes nicht ernst genommen wird, oder Sätze wie „Da muss er durch" hört, ist das für euer Problem nicht die richtige Adresse. Wendet euch an eine auf Verhalten spezialisierte Praxis, schildert bereits am Telefon euer Problem und schaut, ob man dort Hilfsansätze für euch hat. Medikamente sind sicher nicht für jeden Hund notwendig. Falls sie aber für euren Vierbeiner infrage kommen, braucht ihr eine fachkundige und individuell abgestimmte Beratung.

Wichtig!

Safe Space heißt: sicherer Raum. An diesem Ort passiert nie, wirklich NIE, etwas Unangenehmes. Kein Ohrenkontrollieren, keine Medikamentengabe, kein Verbandswechsel, kein Zeckenziehen, nichts davon.
Der Safe Space ist auch kein Ort der Verbannung. Ihr schickt euren Hund nicht „zur Strafe" dorthin, und ihr zwingt ihn nicht, dort zu bleiben, wenn er ihn verlassen möchte.

Safe Space

Euer Hund braucht einen Safe Space, einen Wohlfühlort, quasi einen Spa-Bereich, der positiv aufgeladen ist mit Entspannung und schönen Ereignissen. Er sollte idealerweise mit verschiedenen Liegemöglichkeiten ausgestattet sein, je nach Gusto eures Hundes gern mit einem erhöhten Liegeplatz oder vielleicht einer kleinen Höhle, und er sollte Zugang zu Wasser bieten. Stellt euch vor, euer Hund würde in einem Urlaubsprospekt nach der idealen Unterkunft für einen traumhaft chilligen Urlaub suchen, was würde er auswählen? Dieser Safe Space sollte nicht im Durchgangsbereich liegen, idealerweise nicht in der Nähe der Wohnungstür oder an Orten wie der Waschküche, wo oft unberechenbar Geräusche ertönen können.

Richtet diesen Bereich ein und sorgt dafür, dass hier nur gute Sachen passieren. Es gibt Kauartikel, Schnüffelteppiche, die besten Liegeplätze, und in der Eingewöhnungszeit

Der Safe Space muss dem Hund gefallen.

tauchen dort auf magische Weise immer wieder Leckerchen auf. Wenn ihr feststellt, dass euer Hund diesen Ort immer häufiger aufsucht, dann habt ihr ihn wohl richtig gewählt und gut eingeführt. Wenn euer Hund Körperkontakt mag, könnt ihr hier auch ausgiebig kuscheln, und wenn der Hund mit T-Touch® gut entspannen kann, ist dies ebenfalls der ideale Platz dafür.

Sollte euer Hund wider Erwarten euren angedachten Safe Space nicht annehmen wollen, dann beobachtet, wo er gern liegt, wenn er wirklich entspannt ist, und schaut, ob ihr ihm dort seinen Wohlfühlort einrichten könnt.

Wenn ihr konditionierte Entspannung nutzt, hängt im Safe Space später euer Dufttüchlein, und euer RelaxoPet® steht bereit oder ein anderer Lautsprecher mit eurer konditionierten Entspannungsmusik.

Eine Box ist als Safe Space nicht ausreichend, weil sie nicht genug Platz bietet. Sie kann aber ein Ausstattungselement sein, wenn der Hund Höhlen mag und die Box nicht geschlossen wird. Auch ein Snugglepad, eine Art Schlafsack mit Matratze für den Hund, in den er selbst hineinschlüpfen kann, ist für so manchen Vierbeiner eine Bereicherung, weil er eine Art weiche Kuschelhöhle ist.

Ihr könnt den Ort mit Gittern oder Ähnlichem abschirmen, wenn ihr zum Beispiel Besuch und/oder Kinder aus der Hundezone heraushalten wollt. Gerade für das Zusammenleben von Kleinkindern und Hunden ist ein solcher Platz Gold wert.

Trennungsstress – ein oft verkanntes Problem

Vor vielen Jahren gab es eine Doku in der BBC über Trennungsstress bei Hunden. Grundlage war eine Studie von Dr. Rachel Casey, bei der

Das Trainingstempo bestimmt der Hund.

40 Hunde über einen Zeitraum von sechs Wochen mit Kameras beobachtet wurden. Außerdem wurde durch Speichelproben sowohl vor als auch nach dem Alleinbleiben der Cortisolspiegel gemessen. Cortisol ist das „Stresshormon". In den aufgenommenen Videos zeigten 15 Hunde deutliche Stresssymptome. Bei fünf dieser Hunde waren sich die Besitzer:innen des Problems bereits bewusst, bei fünf weiteren bestand zumindest die Vermutung, dass die Hunde Schwierigkeiten haben, und bei den restlichen fünf Hunden war bisher niemand auf die Idee gekommen, dass sie ein Problem haben könnten.

Die Speichelproben zeigten, dass das Ausmaß noch größer war, als die Videos vermuten ließen, denn von den 40 Hunden in der Studie blieb nur bei fünf der Cortisolspiegel gleich. Man kann also davon ausgehen, dass alle anderen Hunde, auch wenn sie nicht durch Symptome wie Heulen, Defäkieren, Auf-und-ab-Laufen oder allgemeine Unruhe auffielen, trotzdem Stress mit der Abwesenheit der Besitzer:innen hatten. Das ist eine erschreckend hohe Anzahl von Hunden, denen es in dieser Situation nicht gut ging.

Was mich damals wirklich berührt hat, war der Moment, als die Menschen zum ersten Mal Videoaufnahmen von ihren allein gebliebenen Hunden sahen. Sie erlebten erstmals mit, wie gestresst ihr Hund war, als er den Türrahmen mit den Zähnen bearbeitete, wie er unablässig auf und ab lief, wie er auf dem Sessel stand, um aus dem Fenster

Foto © Manuela Zaitz

Toffee liegt im Platz, ist aber nicht entspannt.

schauen zu können, wie herzzerreißend er heulte. Es trifft Menschen ins Mark, ihre Hunde so leiden zu sehen, und das ist tatsächlich wichtig, wenn wir empathisch sein wollen. Wir dürfen nicht sauer sein, weil der Hund wieder ins Haus gemacht hat, weil er den Türrahmen angefressen hat, weil die Nachbarn sich schon wieder über sein Gebell beschwert haben. Zu sehen, dass unser Hund leidet, nimmt uns schnell die Wut, denn wir erkennen, dass dies weder Absicht noch Boshaftigkeit ist. Der Hund ist todunglücklich. Wir haben uns ein hoch soziales Tier ins Haus geholt und wünschen uns, dass es sich an uns bindet, wie wir das früher bei Lassie und Timmy gesehen haben. Von diesem besten Freund dürfen wir nicht verlangen, dass er unvorbereitet stundenlang ohne uns ausharrt. Wir müssen ihm die Chance geben, das notwendige Alleinbleiben stressfrei zu lernen.

Wie lange dauert es, bis ein Hund allein blieben kann?

Gern würde ich an dieser Stelle eine werbewirksame Aussage treffen, wie man sie zum Beispiel oft in Zeitschriften liest. Anstelle von „In drei Wochen zum Traumgewicht", stünde dann hier „In drei Wochen fünf Stunden entspannt allein", doch das wäre gleichermaßen unseriös.

Trennungsstress ist ein komplexes Thema und dafür gibt es leider keine einfachen und schnellen Lösungen. Falls ihr bisher ein ehrgeiziges Ziel wie in meiner fiktiven Werbeaussage hattet, möchte ich euch den Zahn ziehen. In derart unrealistischen Erwartungen kann ich euch nicht bestätigen. Es dauert so lange, wie es dauert, euer Hund bestimmt das Tempo. Und auch wenn ich verstehe, dass ein Teil von euch nun enttäuscht das Buch zuklappen möchte, um doch noch mal im Netz nach der schnellen Lösung zu suchen, möchte ich euch bitten, nicht aufzugeben. Wenn euer Hund Stress und Angst beim Alleinbleiben hat, braucht er eure Hilfe. Sein Problem ist größer als eures und niemand außer euch kann ihm helfen.

Je sicherer der Hund darin wird, dass die Alleinbleibzeit nicht das Ende der Welt bedeutet, umso schneller kann es gehen. Darum ist es so wichtig, die Anforderungen immer erst dann zu steigern, wenn der Hund den vorherigen Schritt meistern kann. Geht ihr zu schnell vor, werdet ihr zurückfallen. Oberste Priorität hat, dass euer Hund sich beim Training zu jeder Zeit wohlfühlt. Je regelmäßiger ihr so trainiert, dass er die Schritte gut schaffen kann, ohne seinen emotionalen Kipppunkt zu erreichen, umso eher werdet ihr euer Ziel erreichen.

Klappt das Training bei jedem Hund?

Training hilft jedem Hund, so viel ist klar. Ihr werdet mit kleinschrittigem Training eine Verbesserung erreichen. Jedoch ist der letztendliche Erfolg, wie immer, von vielen Dingen abhängig. Gerade das Training zum Alleinbleiben ist komplex, wenn man es richtig angeht. Es gibt leider kein Schema F, das wir anwenden können. Jeder unserer Hunde ist ein Individuum, geprägt durch seine Herkunft und seine bisherigen Erfahrungen, die es uns einfacher oder schwerer machen können. Dazu kommen das Wohnumfeld und die individuellen Umstände der Familie oder des Menschen, wo der Hund lebt. All das ergibt jeweils eine einzigartige Mensch-Hund-Kombination. Während es ziemlich einfach ist, einem Hund ein bestimmtes Verhalten beizubringen, etwa „Sitz" oder „Platz" zu machen, auf Ruf zu kommen oder verschiedene Tricks zu performen, sieht es mit dem entspannten Alleinbleiben ganz anders aus. Unser Hund kann sich bewusst auf ein Signal hinlegen, weil wir das geübt haben und weil es dafür eine Belohnung gibt. Er kann sich aber nicht bewusst dafür entscheiden, keinen Stress zu haben. Das gelingt auch uns Menschen nur selten und es funktioniert schon gar nicht, wenn uns jemand anders in einer stressigen Situation sagt: „Jetzt beruhig dich mal."

Wir sollten uns immer wieder in Erinnerung rufen, dass es bei unserem Training nicht darum geht, ein Verhalten aufzutrainieren oder abzurufen, sondern durch die einzelnen Schritte so weit zu kommen, dass der Hund in unserer Abwesenheit gelassen bleiben kann. Wir legen also unser Augenmerk ganz allein darauf, wie der Hund sich fühlt.

Unser Hund soll nicht lernen, eine Platz-Bleib-Übung auszuführen, während wir arbeiten gehen, sondern wir möchten einen Hund, dem es nichts ausmacht, wenn wir eine Weile nicht da sind.

Massiver Trennungsstress bei Hunden ist vergleichbar mit Panikattacken. Diese Art von Stress können wir nicht kleinreden, indem wir uns sagen: „Der merkt doch, dass ich immer wiederkomme, irgendwann muss es doch mal gut sein." Genau das funktioniert leider nicht.

Auch bei Menschen kennen wir irrationale Ängste. Den größten Teil meines Lebens hatte ich schlimme Angst vor Spinnen. Das Wissen, dass es in Deutschland kaum giftige Spinnen gibt und schon gar keine, deren Biss

Unsere Hunde wissen nicht, dass wir nur kurz fort sind. Deswegen müssen wir ihnen vermitteln, dass sie sich in unserer Abwesenheit entspannen können.

Foto © Manuela Zaltz

Foto © Manuela Zaitz

Wir bleiben immer unter dem emotionalen Kipppunkt des Hundes.

tödlich wäre, hat mir bei meiner Angst nicht geholfen. Ich hatte grundsätzlich Angst vor Spinnen, nicht nur vor giftigen Spinnen. Erst mein bewusstes Auseinandersetzen mit der Angst, das Lernen über Spinnen und der dosierte „Kontakt" zu ihnen, bei dem ich selbst bestimmen konnte, wie viel ich mir zumute, hat geholfen. Ist die Angst vor Spinnen ganz weg? Noch nicht. Ist es besser, als es jemals war? Ja.

Wie bei Hunden gilt auch bei uns Menschen: Die einen brauchen länger, um eine Angst zu überwinden, die anderen kürzer. Es ist individuell, und nur, weil es bei Person A drei Monate gedauert hat, bedeutet das nicht, dass Person B es im gleichen Zeitrahmen schafft.

Management als Schlüssel zum Erfolg

Eine Grundvoraussetzung, damit unser Training Erfolg haben kann, ist, dass euer Hund ab sofort nicht mehr allein bleiben muss. Klingt paradox? Ist es nicht.

Wir wollen eurem Vierbeiner vermitteln, dass Alleinbleiben nichts Gruseliges ist, dass es machbar ist, dass man sich dabei entspannen kann. Dafür ist es wichtig, dass er sich zu jeder Zeit des Trainings, also während des Alleinbleibens, sicher fühlt und weder Angst noch Panik empfinden muss. Würdet ihr euren Hund in der Phase des Trainings nun trotzdem allein lassen, weil ihr arbeiten gehen, einkaufen oder zum Arzt müsst, hätte er in dieser Zeit immer wieder massiven Stress. Damit würdet ihr euer Training selbst sabotieren. Euer Hund muss darauf vertrauen können, dass er nur so lange allein gelassen wird, wie er es aktuell schafft. Wenn ihr ihm diese Sicherheit nicht gebt, wird er in der Folge auch mit euren kürzeren Zeitfenstern beim Training immer schlechter klarkommen.

Zur Verdeutlichung: Stellt euch vor, ihr möchtet einem Kind das Schwimmen beibringen. Es soll sich im Wasser sicher fühlen, die erforderlichen Bewegungsabläufe lernen und die Erfahrung machen, dass das Wasser es trägt. Eine Woche später habt ihr nicht so viel Zeit für Erklärungen und schubst das Kind ins Wasser. Mit einem Auge guckt ihr schon drauf, dass es nicht untergeht, aber für mehr ist gerade keine Zeit. Unter Gestrampel schafft es das Kind völlig entkräftet und panisch bis zum Rand. „Prima", sagt ihr, „siehst du, ist doch gar nichts passiert." Was denkt ihr, wie entspannt das Kind beim nächsten Schwimmtraining sein wird? Es weiß nicht, ob ihr diesmal wieder danebensteht und der sichere Hafen seid, oder ob heute wieder so ein Tag ist, an dem es ins Becken geworfen wird. Es kann also nicht einschätzen, ob ihr sein Bedürfnis nach Sicherheit wahrnehmt oder gleich wieder den zweiten Schritt vor dem ersten macht.

Mir geht es hier nicht um Vermenschlichung, sondern ich habe bewusst ein Beispiel gewählt, das wir gut nachvollziehen können und das uns daher in Erinnerung bleiben wird. Das verdeutlicht, was bei Angst und Panik im Gehirn von Säugetieren passiert. Da gibt es keinen großen Unterschied zwischen Hunden und uns, denn auch wir Menschen sind letztendlich „nur" Säugetiere.

Mir ist bewusst, dass das einige von euch jetzt vor ein massives Problem stellt: Wie soll es gelingen, den Hund jetzt erst mal nicht allein zu lassen? Ich verstehe das gut. Wer nicht auf eine Familie zurückgreifen kann, hat es da nicht so leicht. Es gibt aber noch andere Lösungen. Wenn euer Hund ein verträglicher Geselle ist, findet ihr sie vielleicht in einer guten Hundetagesstätte mit kleinen Gruppen, in der auf eine vernünftige Zusammenführung geachtet wird. Außerdem gibt es professionelle Dogwalker, denen man seinen Hund anvertrauen kann. Selbstverständlich müsst ihr hier ebenfalls prüfen, ob es sich um einen kundigen Menschen handelt, der gewaltfrei arbeitet und nicht irgendwelchen überholten Dominanztheorien anhängt. Diese professionellen Lösungen sind ein Kostenfaktor, den man für die nächsten Monate mit einplanen muss.

Vielleicht gibt es aber auch eine Betreuungsmöglichkeit in der Nachbarschaft, etwa ältere Menschen, die einsam sind und gern einen Hund halten würden, dies aufgrund ihres Alters aber nicht mehr können. Euer Hund könnte ihnen für einige Stunden Gesellschaft leisten, und ihr könnt ihn bringen und wieder abholen. Das wäre eine Win-win-Situation für beide Seiten. Auch verantwortungsvolle Jugendliche können eine Option sein. Als ich dreizehn war, wäre das mein Traumjob gewesen. Eventuell findet ihr über eine Facebook-Gruppe eine Person in eurer Nähe, die das gleiche Problem hat wie ihr. Wenn eure Hunde gut miteinander klarkommen, könntet ihr euch beim Hundesitting gegenseitig unterstützen.

Auch bei all diesen privaten Betreuungsmöglichkeiten müsst ihr selbstverständlich darauf achten, dass Betreuungspersonen und Hund gut zueinanderpassen und dass die Regeln für das gemeinsame Miteinander klar besprochen sind. Wenn ihr nun eine Betreuung für euren Hund organisiert habt, kann es mit dem Training losgehen.

Foto © Manuela Zaitz

2

Alleinbleiben lernen mit System

In meiner Zeit als Trainerin habe ich verschiedene Wege kennengelernt, um Hunden das Alleinbleiben beizubringen. Heute orientiere ich mich an dem Trainingsprotokoll von Malena DeMartini-Price, das sich in den letzten Jahren auch in Deutschland immer mehr durchsetzt.

Wir achten zunächst darauf, alles an Vorarbeit zu leisten, was in den Listen im Abschnitt „Bestandsaufnahme vor Trainingsbeginn" aufgeführt ist. Dann beginnen wir mit dem Training, für das ihr gut eine halbe Stunde pro Tag rechnen müsst. Das bedeutet nicht, dass wir mit 30 Minuten Alleinbleiben loslegen. Es ist der ungefähre Zeitrahmen, den wir für unser Training benötigen und in den wir die kleinen Abwesenheitszeiten einplanen. Das Ausfüllen der Listen und das Anpassen eures Trainings an die Möglichkeiten eures Hundes wird eine kleine Herausforderung sein, da aber jeder Hund anders ist, gibt es leider keine universelle Lösung.

Wir nutzen Desensibilisierung, um unseren Hund an das Alleinbleiben zu gewöhnen. Das bedeutet, wir setzen ihn dem Angstauslöser (dem Alleinbleiben) nur in so kleinen Dosen aus, dass er sie bewältigen kann. Unser Maßstab ist dabei, dass unser Hund niemals Angstanzeichen zeigt. Er darf maximal kurz davor sein, erste Anzeichen von Unwohlsein zu zeigen. Wir streben aber eigentlich an, dass er sich bei unserem Training möglichst langweilt und keine Veranlassung sieht zu reagieren, weil wir immer wieder nahezu die gleichen Schritte wiederholen und so sanft steigern, dass sie keinen Stress beim Hund auslösen. Deswegen brauchen wir ein gutes Management, und die Betreuung unseres Vierbeiners muss stets gegeben sein. Wir brauchen Sicherheit für den Hund.

In jedem Training, das ich anleite, weise ich darauf hin, wie wichtig das solide Fundament ist. Die grundlegenden Schritte müssen häufig wiederholt werden, damit sie gefestigt sind und wir dem Hund Sicherheit vermitteln. Für das Alleinbleiben gilt das im besonderen Maß. Stellt euch vor, dass ihr mit den zahlreichen kleinen Einheiten zum Alleinbleiben das

Ist euer Hund in jeder Hinsicht gesund?

Fundament für das spätere „Haus" festigt. Geht ihr zu schnell voran, kann nachher alles in sich zusammenfallen und ihr müsst wieder von vorn anfangen. Der Hund bestimmt das Tempo, egal wie dringend wir Menschen es brauchen, dass er allein bleiben kann.

Bestandsaufnahme vor Trainingsbeginn

Ist der Hund gesund? Das klingt vielleicht wie eine überflüssige Frage – wenn er krank wäre, wüsstet ihr das doch. Es gibt aber manchmal Leiden, die nicht sofort auffallen, etwa chronische Schmerzen oder andere Handicaps wie eine Schilddrüsenunterfunktion. Liegt so etwas vor, werden wir dem Hund mit Training allein nicht helfen können. Das ist Kämpfen gegen Windmühlen, und ihr werdet ohne medizinische Hilfe keine nennenswerten Fortschritte machen.

Gibt es noch andere Verhaltensauffälligkeiten, die euch viel abverlangen? Wenn das so ist, kontaktiert in jedem Fall eine:n gute:n, gewaltfrei arbeitende:n Trainer:in und nehmt gegebenenfalls zusätzlich tiermedizinische Hilfe in Anspruch.

Es gibt einige Trainer:innen, die dem Trainingsprotokoll von Malena DeMartini-Price oder einem ähnlichen Programm zum Alleinbleiben folgen. Holt euch Hilfe und Unterstützung, wenn ihr sie braucht.

Euer Hund ist fit und gesund, er kann nur noch nicht allein bleiben? Dann könnt ihr mit dem Training beginnen. Wenn ich neue Dinge angehe, kaufe ich mir gern eine neue Kladde und/oder einen neuen Stift, damit ich motiviert bin, mir Notizen zu machen. Wenn ihr da ähnlich gestrickt seid, hilft euch das vielleicht auch. Alle anderen schnappen sich einfach einen vorhandenen Ordner, kopieren die Listen aus diesem Buch und drucken sie aus oder legen sich ein entsprechendes Dokument im Rechner an. Wenn ihr gern mit Excel-Tabellen arbeitet, werdet ihr sicher eine strukturierte Dokumentation eures Trainings erstellen können. Ich bin absoluter Excel-Dummie, deswegen notiere ich alles von Hand. In diesem Kapitel findet ihr ein paar meiner Listen, die ihr für euch und euren Hund ergänzen und modifizieren könnt und sollt. Zu wissen, wo man steht, ist wichtig, deswegen braucht ihr diese Listen zur Unterstützung.

Notiert euch außerdem alle „Ereignisse", die an bestimmten Tagen oder zu bestimmten Zeiten zu erwarten sind. Etwa die Müllabfuhr, die Post, der/die Zeitungsausträger:in ... damit ihr das später in euer Training mit einbauen könnt. Falls euer Hund jedes Mal hochfährt, wenn es klingelt, denkt daran, die Klingel beim Training abzustellen.

Filmen und beobachten

Idealerweise habt ihr euren Hund beim Alleinbleiben schon mal gefilmt und besitzt davon noch Aufnahmen. Falls nicht, macht das einmalig, um ein Video des Istzustands zu haben. Das empfehle ich sonst bei keinem anderen Training, obwohl nicht selten vorkommt, dass Menschen mir beispielsweise das Aggressionsverhalten ihres Hundes zeigen wollen und deswegen Grenzen überschreiten. Das ist nicht nötig. Ich muss nicht sehen, wie ein Hund austickt. Wir arbeiten so, dass es gar nicht so weit kommt. Zur Vorbereitung auf das Alleinbleibtraining müssen wir leider einmal eine Bestandsaufnahme sehen. Wir müssen beobachten, wo der Hund noch gelassen ist, ab wann er Stressanzeichen zeigt und welche das sind. Eine Ausnahme machen wir bei Welpen, die noch keine Erfahrung mit dem Alleinbleiben gemacht haben. Da probieren wir selbstverständlich nicht erst aus, wann sie unruhig werden, und filmen das. Wir beginnen lieber direkt so kleinschrittig mit dem Training, dass der Welpe die Schritte schaffen kann. Eine Kamera braucht ihr in diesem Fall trotzdem, um das Training zu dokumentieren.

Zusätzlich zum Filmen ist es elementar, dass ihr euren Hund beobachtet, wenn ihr daheim seid. Ihr müsst einschätzen lernen, ob sich das Verhalten, das er in eurer Abwesenheit zeigt, von seinem sonst üblichen Verhalten unterscheidet. Wechselt euer Hund also oft die Liegeplätze, wenn ihr daheim seid, unabhängig davon, in welchem Zimmer er sich befindet, ist es eher zu vernachlässigen, wenn ihr dasselbe auf dem Alleinbleibvideo beobachtet. Auch bei ande-

Kein Training ohne Kamera

Noch mal, weil es so wichtig ist: Trennungstraining ohne Kameraüberwachung ist nicht zielführend! Wir müssen sehen, was der Hund tut, während er allein ist. Keine Lautäußerung heißt nicht automatisch, dass er keinen Stress beim Alleinbleiben hat. Für den Anfang reicht ein altes Handy, auf dem ihr Skype oder Zoom aktiviert habt. Das stellt ihr strategisch so auf, dass ihr möglichst viel von dem Raum sehen könnt, in dem der Hund verbleibt. Probiert aus, wie gut das für euch funktioniert. Wenn ihr euren Hund dauerhaft überwachen wollt, ist früher oder später die Anschaffung einer Kamera sinnvoll.

ren Verhaltensweisen wie Gähnen, Lefzenlecken, Kratzen und dem gesamten Ruheverhalten ist es wichtig zu wissen, wie der Hund sich in unserer Anwesenheit verhält, damit wir Veränderungen in unserer Abwesenheit einschätzen können.

Liste möglicher Ankündiger/Trigger

Listet nun erst mal alles auf, was ihr tut, bevor ihr das Haus verlasst, zum Beispiel: noch mal auf die Toilette gehen, Lippenstift auffrischen, Parfüm auftragen (bei mir ein sicherer Indikator dafür, dass die Hunde nicht mitkommen), Handtasche nehmen, Schlüssel vom Schlüsselbrett nehmen, alles vor die Tür werfen, Schuhe anziehen, Jacke anziehen, Tasche und Schlüssel aufheben, das Haus verlassen, abschließen, gehen ... Passt die Liste an euren Ablauf an.

Alles, was ihr notiert habt, wird eurem Hund ankündigen, dass er bald allein sein wird. Hat euer Hund beim Alleinbleiben schon massiven Stress erlebt, wird er bei diesen Triggern wahrscheinlich schon unruhig. Die Spalte „Hund reagiert" fülle ich mit Kreuzchen. Ein Kreuzchen steht dabei für eine geringe Reaktion, etwa wenn der Hund nur kurz den Kopf hebt, wenn ich die Tasche nehme. Springt er allerdings auf, bellt und rennt auf mich zu, würde ich drei Kreuzchen machen.

Da wir diese Trigger nach und nach in unser Training einfließen lassen, ist es gut zu wissen, wie stark der Hund im Einzelnen reagiert. So können wir geschickt mit einem leichten Ankündiger beginnen und das Training langsam steigern.

Ihr könnt auch überlegen, ob es einzelne Trigger gibt, die sich komplett eliminieren lassen. Eine Möglichkeit wäre zum Beispiel, den Autoschlüssel, den ihr sonst immer vom Schlüsselbrett genommen habt, zukünftig dauerhaft in eurer Tasche zu verstauen. Das ist allerdings nur dann hilfreich, wenn ihr diesen Trigger von nun an tatsächlich in jeder Situation vermeiden könnt.

Ganz am Anfang des Trainings lassen wir all diese Trigger erst mal außen vor. Die Liste solltet ihr trotzdem jetzt schon ausfüllen, um sie euch bewusst zu machen. Ihr müsst in der Lage sein, sie zuerst gezielt zu vermeiden und später ebenso gezielt mit einzubauen. Denkt an jede Kleinigkeit, die ein Trigger sein könnte, auch an Geräusche, wie sie durch eure sich entfernenden Schritte im Treppenhaus, das Zufallen der Tür, den Schlüssel im Schloss, Schritte draußen auf dem Weg, das Öffnen der Gartentür etc. entstehen.

Liste der Verhaltensweisen des Hundes

Es geht weiter mit einer Liste, die ihr insgesamt dreimal ausfüllen solltet. Macht bei den Verhaltensweisen, die euer Hund in den jeweiligen Situationen zeigt, in der entsprechenden Spalte ein Kreuzchen. Dokumentiert zunächst das Verhalten, das euer Hund zeigt, während ihr euch darauf vorbereitet, das Haus zu verlassen. Nutzt die Liste anschließend, um anhand eures Ausgangsvideos zu dokumentieren, welche Verhaltensweisen der Vierbeiner zeigt, während ihr weg seid, und füllt die Liste schließlich zum dritten Mal mit der Fragestellung aus, was der Hund tut, wenn ihr wieder zurückkommt. Ergänzt die Liste entsprechend, wenn ihr andere Dinge beobachtet, die noch nicht aufgeführt sind.

Ja, das klingt aufwendig, und das ist es auch. Aber es ist wichtig, dass ihr die Körpersprache eures Hundes lesen könnt. Nur so wird es euch gelingen, ihm dazu zu verhelfen, dass er entspannt chillen kann, während ihr weg seid.

DINGE, DIE ICH TUE, BEVOR ICH DAS HAUS VERLASSE:	HUND REAGIERT ⨂		
Zur Toilette gehen	○	○	○
Schminken	○	○	○
Haarspray oder Parfum auftragen	○	○	○
Handtasche nehmen	○	○	○
Laptop einpacken	○	○	○
Autoschlüssel nehmen	○	○	○
Schuhe anziehen	○	○	○
Jacke anziehen	○	○	○
Wohnung verlassen	○	○	○
Tür abschließen	○	○	○
Durch das Treppenhaus gehen	○	○	○
Haustür hinter mir schließen	○	○	○
Auto starten	○	○	○
Wegfahren	○	○	○

Beispiel für eine Liste von möglichen Triggern. Bitte passt sie für euch an.

DINGE, DIE MEIN HUND TUT, WENN ICH DAS HAUS VERLASSE	Nie	Selten	Häufiger	Oft	Immer
Hinterherlaufen					
Auf- und ablaufen					
Spielzeug bringen					
Speicheln					
Hecheln					
Leisere Lautäußerungen, z. B. Winseln					
Jaulen					
Bellen					
Viel trinken					
Kein Futter nehmen					
Gähnen					
Beschwichtigungsverhalten zeigen, z. B. Lefzen lecken					
Belecken oder Beknabbern von Pfoten oder anderen Körperteilen					
Kreiseln					
Rute jagen					
Urinieren					
Darm entleeren					
Zittern					
Dinge zerstören					

Beispiele für Verhaltensweisen des Hundes, die Trennungsstress anzeigen. Bitte passt die Liste individuell an.

CHECKLISTE	**CHECK** ☒
Hund gesundheitlich abgeklärt?	
Stressoren überdacht und reduziert?	
Management steht? Gegebenenfalls Hundesitter?	
Safe Space eingerichtet?	
Kamera besorgt, aufgestellt und eingerichtet?	
Pausensignal eingeführt?	
Konditionierte Entspannung mit Duft begonnen?	
Entspannungsmusik oder RelaxoPet® eingeführt?	
Thundershirt® eingeführt?	
Trainer:in an eurer Seite?	
Kontakt zu Gleichgesinnten gesucht?	
Social support?	
Kleine Ziele formuliert?	
Liste „Dinge, die ich tue, bevor ich das Haus verlasse" ausgefüllt?	
Liste „Dinge, die mein Hund tut, wenn ich das Haus verlasse" ausgefüllt?	
Liste der Stressauslöser ausgefüllt?	
Ausgangsvideo gefilmt und ausgewertet?	
Ersten Trainingsplan schreiben und loslegen!	

Wenn ihr diese Checkliste komplett abhaken könnt, seid ihr bereit fürs Training.

Allgemeine Checkliste

Um vor dem eigentlichen Trainingsbeginn sicherzustellen, dass wir an alles gedacht haben, dient schließlich noch die allgemeine Checkliste. Ihr könnt sie begleitend abhaken.

Wenn alles komplett ist, kommen wir jetzt zum eigentlichen Trainingsplan. Ich zeige euch im Folgenden, wie ihr diesen erarbeitet. Da Trennungsstress ein individuelles Thema ist, kann ich euch nur Beispiele an die Hand geben und euch vermitteln, wie ihr den Plan so anpasst, dass ihr im für euren Hund richtigen Tempo vorgeht und im Training erfolgreich sein könnt.

Die ersten Schritte

Früher wurde empfohlen, Ankündigern, wie wir sie nun identifiziert haben, die Bedeutung zu nehmen. Also beispielsweise zigmal hintereinander die Jacke anzuziehen, die Schlüssel zu nehmen, dann die Jacke wieder auszuziehen und den Schlüssel abzulegen – all das so lange, bis der Hund sich merkt, dass nichts weiter passiert. Das Anziehen der Jacke und das In-die-Hand-Nehmen des Schlüssels sollten nun nicht mehr „Gleich geht mein Mensch" ankündigen. Der Grundgedanke ist verständlich. Leider liegt es aber in der Natur der Sache, dass wir auch in den Situationen, in denen wir tatsächlich gehen, Schlüssel und Jacke nehmen und dann für den Hund verschwinden. Er lernt durch diese Methode also nur, dass diese Handlungen oft nichts bedeuten, manchmal aber doch. Der Trennungsstress setzt dann häufig ein, sobald der Hund merkt, dass es jetzt ernst wird. Sein Mensch steht nicht nur mit dem Schlüssel in der Hand im Flur, sondern die Haustür wurde geöffnet und wieder geschlossen, der Schlüssel wurde im Schloss gedreht – nun ist er allein.

Wir möchten erreichen, dass der Hund es nicht als bedrohlich empfindet, wenn wir das Haus oder die Wohnung verlassen. Dazu gehen wir erst mal nur Sekundenbruchteile außer Sicht und bauen langsam ein Zeitfenster aus. Das machen wir zunächst losgelöst von Ankündigern wie Jacke anziehen und Schlüssel nehmen, die den Hund möglicherweise in Angst versetzen würden. Wir wollen erreichen, dass euer Vierbeiner die ersten Schritte stressfrei bewältigen kann. Erst wenn wir dabei erfolgreich waren und der Hund schon gelernt hat, dass Alleinbleiben nicht gruselig ist, bauen wir nach und nach Ankündiger mit ein. So kann er lernen, dass auf diese Ankündiger die angstfreie Alleinbleibzeit folgt, die er bisher immer gut geschafft hat. Diese Reihenfolge ist immens wichtig, und wir achten darauf, die Trigger erst nach und nach dazuzunehmen.

Klingt kompliziert? Keine Sorge, ich führe euch Schritt für Schritt durch und gebe euch Beispiel-Trainingspläne an die Hand. Beispiele deswegen, weil vollkommen unterschiedliche Menschen in diesem Buch lesen: Manch einer hat einen Hund, der sofort mit aufsteht, wenn der Mensch sich von der Couch erhebt; bei anderen wird der Hund erst unruhig, wenn seine Bezugsperson das Haus länger als für ein paar Minuten verlässt. Ihr müsst die Pläne also individuell an eure Situation anpassen.

Nur regelmäßiges Training führt zum Erfolg

Wir machen zunächst einen Plan für die erste Woche. Das bedeutet, wir legen fünf Übungstage fest, an denen wir je 20 bis 30 Minuten üben. An zwei Tagen habt ihr frei. Ihr könnt natürlich auch an den freien Tagen üben, bedenkt aber, dass Pausen wichtig sind, um die Motivation auf lange Sicht zu erhalten. Ich verstehe, dass ihr gerade zu Beginn hoch motiviert seid und das Training endlich angehen wollt. Zudem mag manchen von euch auch die Hoffnung antreiben, dass der Erfolg sich umso schneller einstellt, je länger und häufiger man trainiert. Das ist aber nur teilweise richtig: Das Wohlbefinden eures Hundes bestimmt das Training. Er muss es schaffen können, gelassen und entspannt zu bleiben, während ihr nicht da seid. Das geht nur, indem wir in kleinen, für ihn machbaren Schritten trainieren. Behaltet immer im Hinterkopf: Das Gras wächst nicht schneller, wenn wir daran ziehen. Also gönnt euch und eurem Hund die Pausen.

Falls ihr zu denen gehört, die fünfmal pro Woche trainieren echt viel finden, möchte ich euch sagen: Ja, das stimmt. Und es ist durchaus möglich, in einer Woche mal ein Training ausfallen zu lassen, wenn euch das Leben dazwischenkommt. Allerdings ist eines klar: Euer Hund kann das Alleinbleiben nur lernen, wenn ihr es regelmäßig und häufig übt. Wer zehn Wochen lang ein- bis dreimal pro Woche an dem Problem trainiert, wird nicht vorankommen und deswegen frustriert sein. Je fleißiger ihr es angeht, umso eher werdet ihr Erfolge sehen.

Realistische Ziele setzen und variabel steigern

Die ersten Schritte des Trainings werden euch unfassbar klein erscheinen und - genau das ist der Punkt - eurem Hund auch. Wir wollen, dass der Hund sich absolut wohlfühlt, wenn wir die Tür öffnen, rausgehen, die Tür schließen, nach einem Sekundenbruchteil die Tür wieder öffnen und hereinkommen. Erst wenn der Vierbeiner das schafft, fangen wir langsam an, die Zeit zu steigern. Das bedeutet, dass wir uns variabel an eine längere Zeit herantasten. Gerade wenn wir noch bei einem so kurzen Zeitfenster sind, müssen wir gut aufpassen, den Bogen nicht zu überspannen. In den Trainingseinheiten werdet ihr zwischen den einzelnen Trainingsschritten kleine Pausen einbauen, in denen ihr an eurem Platz sitzt. Auch diese sind strukturiert und variieren in der Zeit. Diese Pausen sollen für einen kurzen „Reset" sorgen, damit der folgende Trainingsschritt immer ein kleiner Neustart ist.

Die erste Übung könnte beispielsweise so aussehen:

- Zur Tür gehen, Tür öffnen, rausgehen, Tür von außen schließen, Tür sofort wieder öffnen, reingehen, Tür von innen schließen, wieder hinsetzen, individuell vorgegebene Zeit sitzen bleiben.
- Aufstehen, zur Tür gehen, Tür öffnen, Tür von innen wieder schließen, hinsetzen, individuell vorgegebene Zeit sitzen bleiben.
- Aufstehen, zur Tür gehen, Tür öffnen, raustreten, sofort wieder eintreten, Tür von innen schließen, hinsetzen, individuell vorgegebene Zeit sitzen bleiben.
- Aufstehen, zur Tür gehen, Tür öffnen, raustreten, Tür von außen schließen, eine Sekunde abwarten, Tür öffnen, von innen schließen, hinsetzen, individuell vorgegebene Zeit sitzen bleiben.

Durch diese Vorgehensweise verändern wir das Training variabel. Wir machen es mal leicht, mal schwerer, mal mittelschwer. In unseren vier Übungsschritten haben wir also nur einmal das Trainingsziel erhöht und die restlichen so gestaltet, dass wir sicher in der Komfortzone des Hundes bleiben. Wir müssen dabei aufpassen, dass wir keine Muster entwickeln, denn Hunde erkennen diese schnell. Das Einzige, was immer gleich bleibt: Jedes Training endet mit dem schwersten Übungsschritt des Tages.

Wenn wir anfangen, die Zeit des Alleinbleibens zu steigern, müssen wir ebenfalls geschickt und auf den jeweiligen Hund abgestimmt variieren. Nehmen wir an, wir sind bei einem Zeitfenster von 30 Sekunden angekommen, die unser Hund problemlos und gelassen schafft. Wir wollen also um den Bereich von 30 Sekunden herum trainieren, diese Zeit mal ein kleines bisschen überschreiten, aber auch sehr leichte Hürden einbauen. Unser Ziel ist, dass der Hund jeden einzelnen Trainingsschritt schaffen kann.

Eine mögliche Variante wäre:

1. 20 Sekunden
2. 30 Sekunden
3. 15 Sekunden
4. 20 Sekunden
5. 33 Sekunden

Auf keinen Fall steigern wir linear, **also nicht:**

1. 15 Sekunden
2. 20 Sekunden
3. 25 Sekunden
4. 30 Sekunden
5. 33 Sekunden

Was wir ebenfalls vermeiden, ist, mit der Zeit zu beginnen, die der Hund schon bewältigen kann, und von dort aus weiter zu steigern, **also nicht:**

1. 30 Sekunden
2. 31 Sekunden
3. 32 Sekunden
4. 33 Sekunden

Das wäre für den Hund zu schwierig, denn wir würden dort starten, wo der Hund schon kurz vor seinem Kipppunkt ist, und von da aus konstant steigern - ein Scheitern wäre vorprogrammiert. Vergesst nie, dass ihr dabei seid, ein solides Fundament zu schaffen. Selbst wenn es so aussieht, als könnte euer Hund das schaffen, wird er sich früher oder später durch die zu schnelle und lineare Steigerung überfordert fühlen.

Erkennt der Hund, dass die Abwesenheit seines Menschen jedes Mal länger dauert, kann es dazu führen, dass er das Training nicht mehr schafft, weil er durch dieses Muster die Überforderung gewissermaßen vorhersieht. Deshalb bauen wir immer wieder „Easy Wins" ein, leichte, gut zu schaffende Schritte. Wie schon erwähnt, kommt der schwerste Schritt einer Trainingseinheit, das Trainingsziel für den Tag, immer zuletzt. Danach ist das Training beendet.

Der richtige Umgang mit Triggern

Das erste Ziel ist also, dass euer Hund lernt: Wenn mein Mensch das Haus verlässt, ist das ein langweiliges Spiel, das nur kurz dauert und mir keine Angst macht. Hier sind noch keine Ankündiger/Trigger im Spiel, das heißt, Jacke, Tasche etc. bleiben unangetastet.

Sobald das für den Hund Alltag geworden ist, schnappt ihr euch eure Liste mit Triggern, die eure Abwesenheit ankündigen. Dort pickt ihr euch einen weniger starken Trigger raus, also einen, bei dem euer Hund keine drei Kreuzchen hat. Diesen könnt ihr zuerst ins Training einbauen. Kombiniert anfangs auf keinen Fall zwei oder gar mehr Trigger miteinander! Beachtet außerdem, dass ihr nun die Anforderungen in Bezug auf die Dauer eurer Abwesenheit nicht steigern dürft, sondern das Training in der Hinsicht sogar ein

Das Zur-Hand-Nehmen des Autoschlüssels ist für viele Hunde ein starker Trigger.

Trennungsstress kann Auswirkungen auf verschiedene Bereiche des Alltags haben.

bisschen leichter machen müsst. Ihr werdet das auch in den folgenden Beispielen sehen: Immer, wenn wir die Anforderungen in einem Bereich des Trainings steigern, senken wir sie in einem anderen. Das ist essenziell, wenn wir den Erfolg sicherstellen wollen.

Der erste Trainingsplan (Beispielhund Fiffi)

Ich kann alle verstehen, die sich schwer damit tun, einen Trainingsplan zu schreiben, aber es wird euch sehr helfen. Je strukturierter ihr vorgeht, umso erfolgreicher werdet ihr sein und umso schneller nähert ihr euch euren Zielen an und könnt irgendwann wieder beruhigt ins Kino, weil ihr wisst: Mein Hund liegt jetzt entspannt daheim. Um euch das Vorgehen mit einem Trainingsplan besser zu verdeutlichen, schauen wir uns ein Beispiel an. Es geht um einen vierjährigen Australian Shepherd mit massivem Trennungsstress, dem wir aus Datenschutzgründen den Namen Fiffi geben. Er lebt mit seiner Besitzerin, nennen wir sie Ingrid, in einem frei stehenden Haus. Es gab also keine Beschwerden von Nachbarn, niemand berichtete, der Hund habe gebellt oder gejault.

Die Bestandsaufnahme

Fiffi zog im Alter von 16 Wochen bei Ingrid ein und musste selten allein bleiben. Falls es mal vorkam, weil Ingrid einkaufen oder mit Freund:innen unterwegs war, erwartete Fiffi sie bei ihrer Rückkehr aufgeregt an der Tür. Gelegentlich hatte er eine Topfpflanze ausgebuddelt, es gab ein paar Kratzer an der Eingangstür, und zerfetzte Sofakissen hatte sie ebenfalls schon gefunden, manchmal passierte auch nichts. Ingrid ging davon aus, dass diese Zerstörungen aus Übermut geschehen waren. Sie dachte, Fiffi hätte allein „Spaß gehabt".

Nachdem Ingrid eine neue Arbeitsstelle angetreten hatte und nicht mehr von zu Hause aus arbeitete, fiel ihr auf, dass Fiffi im Alltag fahriger wurde. Er entwickelte sich zum „Leinenpöbler". An diesem Punkt kam ich als Trainerin ins Spiel. In unserem Anamnesegespräch erwähnte Ingrid am Rande die Topfpflanzen und die Sofakissen. Daher bat ich sie, beim nächsten Verlassen des Hauses eine Kamera laufen zu lassen. Zwei Tage später rief sie mich weinend an. Sie hatte eine Action Cam mit Weitwinkelobjektiv so positioniert, dass diese den größten Teil des Wohnzimmers sowie den Eingangsbereich des Hauses erfasste. Das Video war herzzerreißend: Fiffi war bereits deutlich erregt, als Ingrid sich bereitmachte, das Haus zu verlassen. Er folgte ihr auf Schritt und Tritt. Als sie die Haustür öffnete, versuchte er, sich mit rauszudrücken. Sie brachte ihn wieder hinein, streute ein paar Kekse, die er hastig zu fressen begann, und verließ das Haus.

Auf dem Video sieht man, wie Fiffi hektisch die Kekse auffrisst und dann zur Tür rennt. Er horcht, laut Besitzerin etwa während der Zeit, in der sie den Wagen gestartet hat und losgefahren ist. Nach wenigen Sekunden des Horchens rennt er zum Fenster, springt mit den Vorderfüßen hoch und schaut hinaus. Dort steht er ca. 15 Sekunden lang, geht dann zurück zur Haustür, steht dort bewegungslos 10 Sekunden lang und kratzt dann leicht mit einer Pfote an der Haustür. Dann wendet er sich von der Tür ab, springt auf die Couch und versucht, von dort aus einem anderen Fenster zu schauen, was ihm wegen eines Vorhangs nicht gelingt. Fiffi springt von der Couch, winselt, geht wieder zum Fenster, durch das er die Einfahrt sehen kann, springt hoch und jault zum ersten Mal. Ein lang gezogenes, leises Jaulen. Nach wenigen Sekunden geht er zur Tür, bellt zweimal und verharrt dann wieder still. Danach beginnt er zu jaulen und macht kaum Pausen, während er immer wieder zwischen Fenster und Tür wechselt.

Körpersprache richtig beschreiben

Ihr seht, dass ich Fiffis Verhalten genau beschreibe. Versucht, auch bei euren Beobachtungen möglichst detailliert zu beschreiben, was euer Hund tut. Bei Formulierungen wie „Er ist total ausgeflippt und hat gebellt" hat jeder von uns ein anderes Bild im Kopf. Das ist nicht hilfreich. Für den einen bedeutet „ausflippen" wildes Umherrennen, der andere denkt, dass der Hund Dinge zerstört. Achtet bitte auf die Körpersprache des Hundes. Wohin ist seine Körperachse ausgerichtet? Liegt er zum Beispiel immer mit dem Kopf in Richtung Tür, im Platz, oder liegt er auf der Seite in seinem Safe Space? Allein dadurch können wir schon Rückschlüsse ziehen, wie entspannt der Hund in der Situation tatsächlich ist.
Falls ihr euch noch nicht näher mit der Körpersprache eures Hundes beschäftigt habt: Keine Sorge, es ist nicht so schwer. Auf meiner Website www.trickschule.de findet ihr unter der Rubrik „Trennungsstress" hilfreiche Tipps und Links.

Der Akku der Kamera hielt nur ca. 30 Minuten. Das Jaulen ging bis zum Ende der Akkulaufzeit und höchstwahrscheinlich darüber hinaus, so lange, bis Ingrid zurückkehrte. Selbstverständlich haben wir nicht erneut versucht, die ganze Zeit von Ingrids Abwesenheit zu filmen. Das hätte für Fiffi erneut schlimme Stunden bedeutet und hätte uns auch nicht weitergebracht. Selbst wenn Fiffi sich nach längerer Zeit hingelegt hätte, wäre das weit entfernt von entspanntem Alleinbleiben gewesen.

Obwohl Ingrid mich eigentlich wegen der Begegnungsprobleme an der Leine kontaktiert hatte, war ihr nach diesem Video klar, dass dies das eigentliche Problem ihres Hundes war. Sie war bestürzt über das, was sie auf dem Video sah. Selbst wenn man die Körpersprache von Hunden nicht so gut kennt, kann man diese Anzeichen kaum missdeuten. Wir entschieden also, uns um den Trennungsstress zu kümmern und einen entsprechenden Trainingsplan auszuarbeiten. Sehr wahrscheinlich wäre es höchst ineffizient gewesen, an der „Leinenpöbelei" zu arbeiten. Wenn der Stresslevel eines Hundes so hoch ist wie bei Fiffi, wird kaum eine Verbesserung eintreten können. Das kennen wir Menschen von uns selbst: Wenn wir in einem Bereich unseres Lebens, zum Beispiel auf der Arbeit, stark durch Stress belastet sind, sind wir auch bei Hindernissen, die uns im Privatleben plötzlich im Weg stehen, nicht mehr so gelassen.

Bei der weiteren Analyse der Situation berichtete Ingrid, dass Fiffi immer genau wisse, wann sie das Haus für eine längere Zeit verlässt oder wann sie nur zum Briefkasten vor dem Haus geht. Auch wenn sie im Vorgarten Unkraut zupfe, liege Fiffi bei ihrer Rückkehr entspannt auf seinem Platz.

Fiffis stärkste Trigger, die eine „richtige" Abwesenheit ankündigten, waren Laptoptasche, Jacke, Schuhe und Autoschlüssel, wobei Jacke und Schuhe ohne Autoschlüssel oder Laptoptasche ein milderer Auslöser waren.

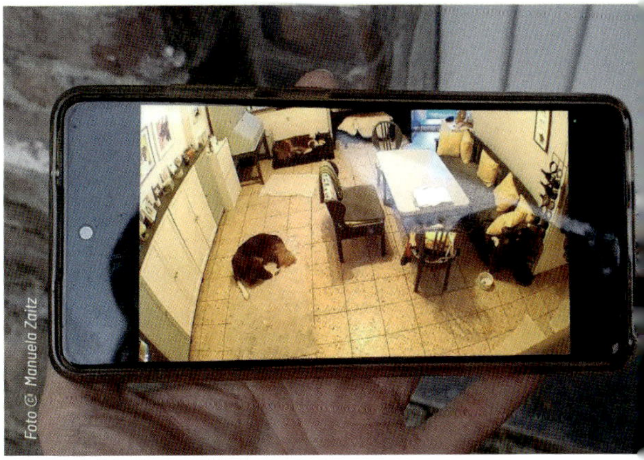

Durch die Kamera könnt ihr von draußen sehen, was euer Hund während der Trainingseinheiten macht.

Die Vorbereitungen

Wir besprachen das weitere Vorgehen. Ingrid konnte sich mit ihrem Arbeitgeber darauf verständigen, dass sie Fiffi zunächst mit ins Büro nehmen durfte, unter der Bedingung, dass er sich gut benehme. Das ist wirklich Luxus, und es war ein Glück, dass der Arbeitgeber in diesem Fall so tolerant war. Der wichtigste Punkt, sicherstellen, dass der Hund nicht mehr allein bleiben muss, war abgehakt. Weitere Punkte waren:

- Fiffi wurde tierärztlich untersucht und war ohnehin in prophylaktischer physiotherapeutischer Behandlung. In dieser Hinsicht war alles in Ordnung.
- Fiffi verfügte bereits über mehrere Körbchen; zusätzlich richteten wir ihm eine

Allgemeine Hinweise zur Vorbereitung einer Trainingseinheit

- Euer Hund sollte die Möglichkeit bekommen haben, sich zu lösen. Er sollte nicht hungrig sein, und ihr solltet zudem sicher sein, dass jetzt genügend Zeit ist, um ohne Unterbrechung eurem Plan folgen zu können.
- Denkt daran, euren Pausenankündiger zu nutzen, sobald ihr mit euren Vorbereitungen anfangt und für euren Hund nicht verfügbar seid. Bei Fiffi haben wir die leise klassische Musik verwendet, die er schon damit verknüpft hatte, dass Frauchen im Homeoffice nicht verfügbar war. Es kann auch ein optischer Ankündiger sein wie eine Pylone oder ein Halstuch für den Hund. Wenn wir eine solche Routine entwickeln, gibt das unserem Hund Erwartungssicherheit. Vergesst deshalb bitte nicht, diesen Ankündiger nach eurem Training wieder zu entfernen.
- Steckt den Wohnungsschlüssel von außen ins Schloss (ihr wollt euch nicht aus Versehen aussperren).
- Denkt daran, gegebenenfalls die Klingel auszustellen, damit der Paketbote nicht schellt, während ihr trainiert.
- Stellt die Kamera auf, schaltet sie ein, öffnet auf eurem Handy die App, die ihr zur Überwachung nutzt, also Skype, Zoom, Teams oder die entsprechende App eurer Überwachungskamera, und kontrolliert den Bildausschnitt. Falls ihr das Handy draußen vor der Tür las-

kleine Höhle in einer Zimmerecke ein, die er sofort großartig fand.

- Ingrid besorgte zwei Kameras mit Live-Ansicht, damit sie während des Trainings sofort reagieren konnte.
- Als Ingrid früher im Homeoffice arbeitete, ließ sie im Hintergrund immer klassische Musik laufen und Fiffi lag währenddessen entspannt auf einem seiner Lieblingsplätze, weil er wusste, dass jetzt nichts für ihn Interessantes passieren würde. Diese Musik war also schon mit „Frauchen ist beschäftigt" verknüpft, sodass wir sie für das Training verwenden konnten.

Der erste Trainingsplan

Nun konnten wir uns mit dem konkreten Trainingsplan für den ersten Tag beschäftigen. Unser erstes Wochenziel für das Training lautete: Fiffi bleibt entspannt liegen, während Frauchen das Haus verlässt. Wir wussten: Fiffi hat keine großen Probleme damit, wenn Ingrid sich im Vorgarten mit Gartenarbeit aufhält. Er zeigt dann keinerlei Anzeichen von Aufregung und läuft nur selten mit zur Tür. Das ändert sich erst, wenn bestimmte Trigger auftauchen, beispielsweise, wenn Ingrid den Autoschlüssel nimmt. Das alles bezogen wir in unsere Planung ein. Deswegen ist es so wichtig, dass man den Hund genau beobachtet und die Listen akribisch ausfüllt.

Wie beim Sport sollte das Training zunächst mit einem Warm-up beginnen. Anders als beim Sport können wir im späteren Verlauf des Alleinbleibtrainings darauf verzichten, aber zu Beginn sind diese Aufwärmübungen wichtig, um den Hund auf das sen könnt, ist das recht praktisch. Sollte das nicht möglich sein, hängt es euch am besten mit einem Band um den Hals. So müsst ihr es nicht in der Hand halten und könnt den Bildschirm anlassen, um jederzeit zu checken, was die Kamera gerade aufzeichnet.

- Druckt euren Trainingsplan aus und legt ihn zusammen mit einem Stift und einer Uhr an euren Sitzplatz. Auf dieser Uhr solltet ihr Minuten und Sekunden gut erkennen können. Es wäre ungünstig, die Zeit, die ihr sitzt, mit der Armbanduhr zu checken, weil der ständige Blick auf die Uhr auf euren Hund fahrig und nervös wirken kann. Die Armbanduhr benötigt ihr aber zusätzlich, um die Zeit zu messen, die ihr draußen verbringt. Achtung: Bitte nutzt keinen Timer, der lospiept oder vibriert. Wir möchten nicht aus Versehen ein „Jetzt geht's los"-Signal etablieren.

Setzt euch nach all diesen Vorbereitungen für 5 Minuten hin. Macht euch vorher gern einen Kaffee oder Tee, und denkt daran, der Pausenankündiger läuft, also interagiert bitte nicht mit eurem Hund. Diese 5 Minuten sind wichtig, weil euer Hund durch die Vorbereitungen, speziell das „Schlüssel-von-außen-in-die-Tür-Stecken", womöglich schon unruhig geworden ist. Vor dem Training soll nun erst mal wieder ein bisschen Ruhe einkehren.

Training einzustimmen. Es sind ganz kleine Schritte, bei denen wir uns sicher sind, dass er sie problemlos schaffen kann. Bei Fiffi war das ausgesprochen wichtig, weil wir auf dem Video sehen konnten, dass die Erregung von Anfang an sehr hoch war.

Beim Warm-up sollte Fiffi sich daran gewöhnen, dass Ingrid zur Tür geht, diese mal öffnet, mal nicht, auch mal kurz rausgeht und die Tür wieder schließt, wobei nichts Beängstigendes passiert. Das erste Warm-up sah wie folgt aus:

- Ingrid steht auf, geht drei Schritte in Richtung Tür, geht zurück, setzt sich wieder, bleibt 35 Sekunden sitzen.
- Ingrid steht auf, geht fünf Schritte in Richtung Tür, geht zurück, setzt sich wieder, bleibt 35 Sekunden sitzen.
- Ingrid steht auf, geht bis zur Tür, geht zurück, setzt sich wieder, bleibt 45 Sekunden sitzen.
- Ingrid steht auf, geht bis zur Tür, öffnet diese, schließt sie wieder von innen, geht zurück, setzt sich wieder, bleibt 15 Sekunden sitzen.
- Ingrid steht auf, geht bis zur Tür, fasst die Klinke an, geht zurück, setzt sich wieder, bleibt 40 Sekunden sitzen.
- Ingrid steht auf, geht fünf Schritte, geht zurück, setzt sich wieder, bleibt 30 Sekunden sitzen.
- Ingrid steht auf, geht zur Tür, öffnet diese, geht hinaus, lehnt die Tür von draußen kurz an, kommt wieder herein, geht zurück, setzt sich wieder, bleibt 60 Sekunden sitzen.

Allgemeine Hinweise zur Durchführung des Trainings

Bitte bedenkt, dass Fiffi unser Beispielhund ist und der konkrete Trainingsplan, den wir hier besprechen, ausschließlich für ihn gilt. Wenn bei euch und eurem Vierbeiner nicht die exakt gleichen Bedingungen herrschen, übernehmt ihn bitte nicht unverändert, sondern passt ihn an. Hat euer Hund schon Schwierigkeiten damit, zurückzubleiben, wenn ihr kurz zum Briefkasten geht? Dann solltet ihr wesentlich kleinere Schritte machen und anfangs noch nicht die Wohnung verlassen. Ihr könntet damit beginnen, zur Tür zu gehen, die Tür zu öffnen, auch mal nur die Klinke zu drücken, die Klinke nur anzufassen – immer gut gemischt und nicht nach Schwierigkeitsgrad linear steigend. Bemerkt ihr bei eurem Hund während des Trainings starke Unruheanzeichen, sei es auf der Kamera oder während ihr bei ihm seid, müsst ihr euer Training sofort anpassen. Mal angenommen, euer Hund steht auf, während ihr draußen seid, er geht zur Tür und kratzt. In diesem Fall bleibt ihr nach eurer Rückkehr etwas länger sitzen und geht im anschließenden Trainingsschritt nur fünf Schritte in Richtung Tür, kehrt dann direkt zurück und setzt euch wieder. Ruft euch immer wieder ins Gedächtnis, dass es nicht darum geht, dass euer Hund das Alleinblei-

Und so sahen die Trainingsschritte am ersten Tag für Fiffi aus:

- Ingrid geht zur Tür, tritt hinaus, schließt die Tür von außen für 3 Sekunden, kommt rein, kehrt zurück, setzt sich für 45 Sekunden.
- Ingrid geht zur Tür, tritt hinaus, schließt die Tür von außen für 10 Sekunden, kommt rein, kehrt zurück, setzt sich für 90 Sekunden.
- Ingrid geht zur Tür, drückt die Klinke runter, kehrt zurück, setzt sich für 30 Sekunden.
- Ingrid geht zur Tür, tritt hinaus, schließt die Tür von außen für 20 Sekunden, kommt rein, kehrt zurück, setzt sich für 45 Sekunden.
- Ingrid geht zur Tür, tritt hinaus, schließt die Tür von außen für 10 Sekunden, kommt rein, kehrt zurück, setzt sich für 90 Sekunden.
- Ingrid geht zur Tür, tritt hinaus, schließt die Tür von außen für 20 Sekunden, kommt rein, kehrt zurück, setzt sich für 60 Sekunden.
- Ingrid geht zur Tür, tritt hinaus, schließt die Tür von außen für 15 Sekunden, kommt rein, kehrt zurück, setzt sich für 30 Sekunden.
- Ingrid geht zur Tür, tritt hinaus, schließt die Tür von außen für 25 Sekunden, kommt rein, kehrt zurück, setzt sich für 75 Sekunden.
- Ingrid geht zur Tür, fasst die Klinke an, kehrt zurück, setzt sich für 60 Sekunden.
- Ingrid geht zur Tür, tritt hinaus, schließt die Tür von außen für 20 Sekunden, kommt rein, kehrt zurück, setzt sich für 30 Sekunden.
- Ingrid geht zur Tür, tritt hinaus, schließt die Tür von außen für 45 Sekunden, kommt rein, kehrt zurück und beendet das Training.

Dieser letzte Trainingsschritt für den Tag ist der schwerste. Damit haben wir unser Ziel erreicht und das Training ist abgeschlossen. Da wir den ersten Trainingstag so einfach wie möglich gestalten wollten, ist noch keiner der Trigger von Fiffis Liste involviert.

ben gerade so aushalten kann, sondern dass er dabei entspannt und angstfrei ist. Zeigt er während des Trainings mehr als milde Unruheanzeichen, ist das ein deutlicher Hinweis, dass ihr auf die Bremse treten müsst. Nach dem Training speichert ihr eure Aufnahme, schaut sie euch an, wertet sie aus und tragt alles in euren Trainingsplan ein. Beschreibt das Verhalten eures Hundes während der einzelnen Trainingsschritte so präzise wie möglich. Wie sah die Körperhaltung eures Hundes aus? Lag er entspannt auf der Seite und hatte er die ganze Zeit den Kopf abgelegt? Lag er im „Platz" mit Ausrichtung zur Tür? Hatte er den Kopf dabei abgelegt oder erhoben? Ist er aufgestanden und hat sich im Raum bewegt? Wohin und in welchem Tempo? Beschreibt in Stichpunkten und achtet darauf, neutral zu bleiben und nicht zu interpretieren. Denkt auch daran, dass die Stimmung eine wichtige Rolle spielt und das Training beeinflusst. Wenn ihr beim Training selbst stark gestresst wart oder euer Hund an diesem Tag durch irgendetwas aus der Bahn geworfen wurde, malt nicht nur bei „Stimmung" einen Smiley, sondern schreibt euch das unter dem Punkt Notizen unbedingt genauer auf.

Wie schon erläutert, haben wir darauf geachtet, leichte, mittlere und schwerere Aufgaben zu mischen und nicht linear zu steigern. Ein wichtiger Punkt ist auch das 30- bis 90-sekündige Sitzen zwischen den einzelnen Warm-up- und Trainingsschritten. Diese Pausen dienen als „Reset" und schaffen die optimalen Voraussetzungen für die jeweils folgende Minitrennung.

Ausfüllen des Trainingsplans

Im Anschluss an das Training haben Ingrid und ich den Trainingsplan komplett ausgefüllt, um alle Schritte zu dokumentieren. Oben auf dem Blatt ist Platz, um Datum und Wochentag zu notieren. Die Uhrzeit ist ebenfalls wichtig, weil es für viele Hunde einen Unterschied macht, zu welcher Tageszeit sie allein bleiben müssen. Wenn man immer nur tagsüber geübt hat, und da vielleicht schon bei einer Zeit von 3 Stunden angelangt ist, kann man nicht davon ausgehen, dass der Hund abends im Dunkeln ebenso gut klarkommt. In die Spalte für das Wetter gehören die Temperatur und die Wetterbedingungen. Bei Hunden mit Gewitterangst können diese eine große Rolle spielen, weil sie oft schon Probleme haben, wenn es stark regnet oder sehr windig ist. Bei Fiffis erstem Training war es sonnig. Die Stimmung der Beteiligten wird ebenfalls berücksichtigt und kurz notiert. Wir haben sie mit „prima" beschrieben. Man kann auch Smileys für die eigene Stimmung und die des Hundes malen.

In der Spalte für die Anmerkungen und die Auswertung haben wir genau notiert, was Fiffi während des Übungszeitfensters gemacht hat. Je mehr Aspekte man sich hier aufschreibt, desto eher wird man gegebenenfalls Indizien dafür finden, warum das Training gerade besonders gut oder auch schlecht verläuft.

So sah Fiffis komplett ausgefüllter Trainingsplan für Tag 1 aus:

Datum: Montag, den	**Uhrzeit:** 11:30	**Wetter:** 20°, sonnig	**Stimmung:** prima
Vorbereitung:	Pauseankündiger, Wohnungschlüssel von außen einstecken, Klingel aus, Kamera an		
Dann:	5 Minuten sitzen		

Foto © Manuela Zaitz

		ANMERKUNGEN / AUSWERTUNG
Warm-up:	3 Schritte in Richtung Tür	Fiffi lag auf seinem Platz und schaute mir hinterher.
Sitzen:	35 Sekunden	
Next:	5 Schritte in Richtung Tür	Fiffi blieb liegen, sein Kopf war angehoben
Sitzen:	35 Sekunden	
Next:	zur Tür	Fiffi zeigte keine Reaktion und blieb liegen
Sitzen:	45 Sekunden	
Next:	zur Tür, öffnen, wieder schließen	Fiffi stand auf und legte sich dann in sein Körbchen
Sitzen:	15 Sekunden	
Next:	zur Tür, Klinke anfassen	Fiffi blieb liegen, schaute ohne den Kopf zu heben
Sitzen:	40 Sekunden	
Next:	5 Schritte in Richtung Tür	Fiffi blieb liegen, schaute ohne den Kopf zu heben.
Sitzen:	30 Sekunden	
Next:	zur Tür, öffnen, von außen kurz anlehnen	Fiffi blieb liegen, schaute ohne den Kopf zu heben.

Los geht's:	3 Sekunden raus, Tür dabei schließen	Fiffi blieb liegen, Kopf angehoben, schaute zur Tür
Sitzen:	45 Sekunden	
Next:	10 Sekunden raus, Tür dabei schließen	Fiffi blieb liegen, hob den Kopf kurz und legte ihn wieder ab.
Sitzen:	90 Sekunden	
Next:	zur Tür, Klinke drücken	Fiffi zeigte keine Reaktion, lag.
Sitzen :	30 Sekunden	
Next	20 Sekunden raus, Tür dabei schließen	Fiffi hob den Kopf und legte ihn nach 5 Sekunden wieder ab.
Sitzen	45 Sekunden	
Next:	10 Sekunden raus, Tür dabei schließen	Kein Kopfheben, Fiffi guckte in Richtung Tür.
Sitzen:	90 Sekunden	
Next:	20 Sekunden raus, Tür dabei schließen	Kein Kopfheben, Fiffi guckte in Richtung Tür.
Sitzen:	60 Sekunden	
Next:	15 Sekunden raus, Tür dabei schließen	Kopfheben nach 5 Sekunden, Geräusch? Nach weiteren 2 Sekunden legte Fiffi den Kopf wieder ab.
Sitzen:	30 Sekunden	
Next:	25 Sekunden raus, Tür dabei schließen	Kein Kopfheben, Fiffi guckte in Richtung Tür.
Sitzen:	75 Sekunden	
Next:	25 Sekunden raus, Tür dabei schließen	Kein Kopfheben, Fiffi guckte in Richtung Tür, gähnte.
Sitzen:	30 Sekunden	
Next:	45 Sekunden raus, Tür dabei schließen	Fiffi hob nach 20 Sekunden den Kopf, schaute in Richtung Tür. Nach 7 Sekunden legte er den Kopf wieder ab.
Sitzen:	Training dabei beenden	

Aufnahme speichern und auswerten, Anmerkungen und Notizen eintragen, Pausen-Signal entfernen, Klingel an	
Notizen:	gestern Hunderennen, Fiffi ist fertig!

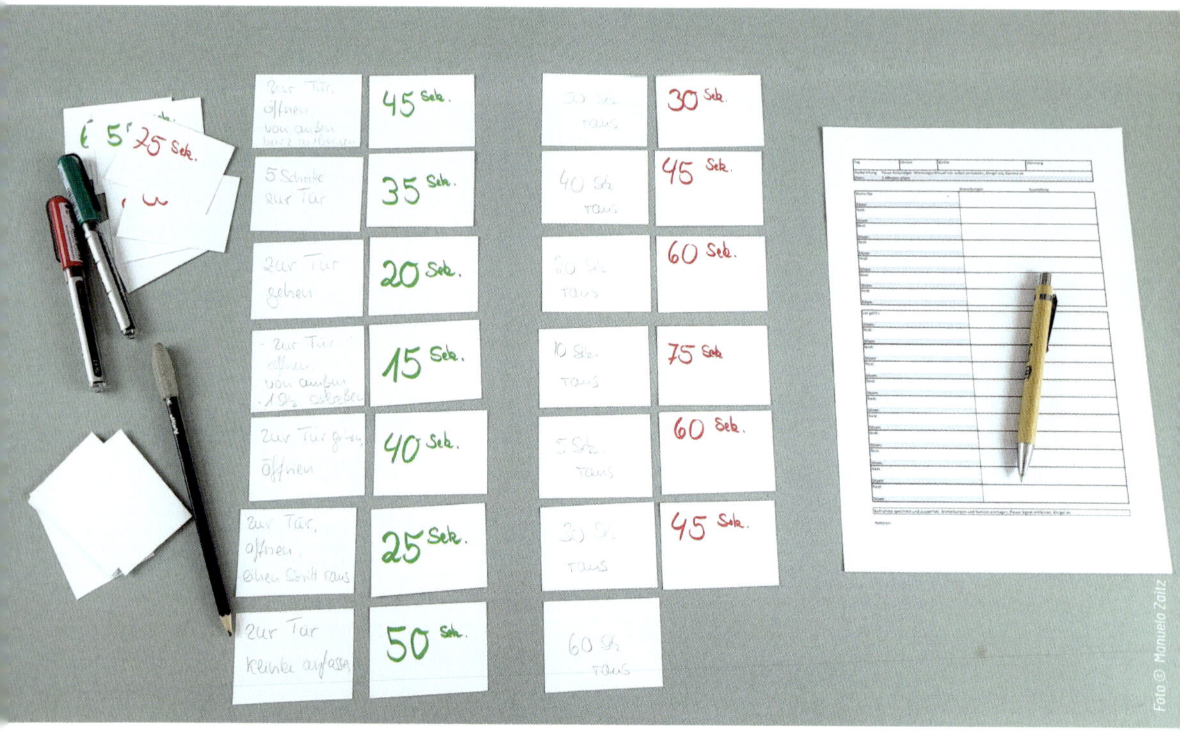

Kleine Karteikarten helfen euch bei der Erstellung des Trainingsplans.

Einen Blanko-Trainingsplan findet ihr hinten im Buch zum Kopieren oder unter dem dort ebenfalls abgebildeten QR-Code zum Herunterladen.

Aufbau des weiteren Trainings (Beispielhund Fiffi)

Um die erste Trainingswoche komplett zu machen, fehlten nun noch vier Trainingspläne. Ingrid und ich nahmen als nächstes also den Plan für Tag 2 in Angriff. Das Ziel war, 60 Sekunden bei geschlossener Haustür draußen zu bleiben. Trigger wie Laptoptasche oder Autoschlüssel wollten wir noch nicht mit einbeziehen. Um kein Muster zu entwickeln, nutzten wir Karteikärtchen. Dazu schrieben wir erst einmal die einzelnen von uns geplanten Schritte auf ein Blatt Papier, so als wollten wir linear steigern. Dies machten wir sowohl für das Warm-up als auch für das eigentliche Training. Für Fiffi sah das so aus:

Warm-up:

- 5 Schritte zur Tür
- Zur Tür gehen
- Zur Tür gehen, Klinke anfassen
- Zur Tür gehen, Tür öffnen
- Zur Tür gehen, Tür öffnen, einen Schritt raus
- Zur Tür gehen, Tür öffnen, kurz raus und Tür anlehnen
- Zur Tür gehen, Tür öffnen, 1 Sekunde raus bei geschlossener Tür

Allgemeine Tipps für das Erstellen von Trainingsplänen

Ich würde euch raten, den Plan für Tag 2 erst nach dem ersten Training zu erstellen, so wie wir es bei Fiffi gemacht haben. Dann gelingt euch die individuelle Anpassung leichter. Wenn ihr etwas mehr Erfahrung im Schreiben von Trainingsplänen habt, könnt ihr für eine Woche vorausplanen.
Versucht, die Trainingszeit pro Tag zwischen 20 und 30 Minuten zu halten. Daraus ergibt sich, dass ihr später im Training weniger einzelne Trainingsschritte habt, weil euer Hund jeweils schon längere Zeiten schafft. Bei den Warm-up-Schritten könnt ihr die Anzahl ebenfalls variieren. Je länger euer Hund im Training ist, desto weniger benötigt ihr sie.
Das Schwierigste beim Erstellen von Trainingsplänen ist, keine Muster zu entwickeln. Nutzt deshalb insbesondere zu Anfang am besten Karteikärtchen, wie ich es im Beispiel mit Fiffi beschrieben habe. Schreibt euch also die einzelnen Schritte linear auf, übertragt sie auf Kärtchen und mischt diese durch. Selbstverständlich dürft ihr einzelne Kärtchen tauschen, falls durch Zufall lineare Steigerungen entstehen. Um die Sitzzeiten festzulegen, bereite ich fürs Warm-up zehn Kärtchen mit kürzeren Zeiten zwischen 15 und 60 Sekunden (in 5-Sekunden-Schritten) vor und für die Trainingsschritte 15 Kärtchen mit etwas längeren Zeiten, nämlich drei Kärtchen mit 30 Sekunden, drei mit 45 Sekunden, drei mit 60 Sekunden, drei mit 75 Sekunden und drei mit 90 Sekunden.
Es ist wichtig, dass die Sitzzeiten ebenso zufällig verteilt werden wie die Reihenfolge der Trainingsschritte. Der Hund könnte sonst zum Beispiel feststellen, dass auf eine längere Zeit des Sitzens eine längere Zeit der Abwesenheit folgt. In dem Versuch, alles möglichst gleichmäßig zu verteilen, bilden wir Menschen oft unbewusst solche Schemata.
Achtet auch darauf, dass ihr die Anzahl der Trainingsschritte variiert (sechs bis sieben Warm-up-Schritte und sieben bis elf Trainingsschritte haben sich für den Anfang bewährt). Das Einzige, was immer gleich bleibt, ist, dass der letzte Schritt der schwerste ist. Er ist das jeweilige Tagesziel, das ihr erreichen wollt.
Falls ihr am Computer fit seid, könnt ihr selbstverständlich mit Listen in Excel arbeiten und über das Programm, die Dauer und die Trainingsschritte „auslosen". Und wenn ihr mehr Übung beim Training habt, könnt ihr womöglich ganz auf Hilfsmittel wie Kärtchen und Excel verzichten.

Training:

- 5 Sekunden raus bei geschlossener Tür
- 10 Sekunden raus bei geschlossener Tür
- 20 Sekunden raus bei geschlossener Tür
- 30 Sekunden raus bei geschlossener Tür
- 40 Sekunden raus bei geschlossener Tür
- 50 Sekunden raus bei geschlossener Tür
- 60 Sekunden raus bei geschlossener Tür

Diese einzelnen Schritte notierten wir jetzt mit Bleistift auf unseren Karteikärtchen. Außerdem schrieben wir die möglichen Zeiten fürs Sitzen auf Kärtchen wieder getrennt nach Warm-up und Training. Dann mischten wir zunächst die Warm-up-Kärtchen verdeckt gründlich durch, legten sie untereinander und deckten sie auf. Anschließend mischten wir unsere Zeitkärtchen für das Warm-up und legten neben jedes Warm-up-Kärtchen ein Zeitkärtchen. Auf die gleiche Weise verfuhren wir mit den Trainingskärtchen und den zugehörigen Zeitkärtchen für das Sitzen. Für Fiffi ergab sich der auf dem Foto gezeigte Plan für Tag 2.

Einbauen von Triggern (Beispielhund Fiffi)

Wir erinnern uns: Für Fiffi war es von Anfang an kein Problem, wenn Ingrid das Haus verließ und sich um den Vorgarten kümmerte. Sie konnte dazu sogar feste Schuhe oder eine Jacke anziehen. Nahm sie hingegen den Laptop, ihre Tasche oder den Autoschlüssel in die Hand, kündigte das für Fiffi eine längere Abwesenheit an, was bei ihm massiven Stress auslöste.

Das Gute an der Situation war: Fiffi konnte schon eine ganze Weile gut ohne Ingrid aushalten. Wenn ihr nun vermutet habt, dass dies deshalb der Fall war, weil Fiffi sie im Vorgarten hören konnte, habt ihr einen wichtigen Punkt erkannt. Wir haben deshalb bei unserem Abwesenheitstraining darauf geachtet, den Abstand zum Haus recht schnell zu vergrößern, damit keine „verdächtigen Geräusche" Fiffi signalisierten, dass Ingrid noch ganz in seiner Nähe war.

Weil wir gut vorankamen, beschlossen wir, einen der Trigger ins Training einzubauen. Hier noch unser Trainingsplan vom letzten Tag vor Hinzunahme eines Triggers. Ingrid trug keine Jacke und ihre normalen Turnschuhe, in denen sie manchmal auch Gartenarbeit verrichtet.

Warm-up:
- Tür von außen schließen, 5 Sekunden warten, zurück, 40 Sekunden sitzen
- Tür von außen schließen, 30 Sekunden warten, zurück, 50 Sekunden sitzen
- Tür von außen schließen, 20 Sekunden warten, zurück, 30 Sekunden sitzen

Training:
- Haus verlassen, Gartenweg hinuntergehen, 30 Sekunden still verharren, zurück, 45 Sekunden sitzen
- Haus verlassen, Gartenweg hinuntergehen, 90 Sekunden still verharren, zurück, 30 Sekunden sitzen
- Haus verlassen, Gartenweg hinuntergehen, 120 Sekunden still verharren, zurück, 90 Sekunden sitzen

Warm-ups richtig reduzieren

Wie im Beispiel beschrieben, solltet ihr die Warm-up-Übungen nicht linear reduzieren. Jongliert zudem mit den einzelnen Übungen zwischen leicht, mittel und schwer. Achtet außerdem darauf, dass ihr nicht immer die gleichen Übungen verwendet. Nutzt auch in diesem Fall eure Kärtchen. Mischt alle gut durch und zieht die Anzahl von Übungen, die ihr für den jeweiligen Tag geplant habt. Solltet ihr zufällig nur schwere oder nur leichte Übungen gezogen haben, dürft ihr selbstverständlich Kärtchen tauschen.
Ab wann und wie viel ihr reduziert, hängt – ihr könnt es euch jetzt schon denken – individuell von eurem Hund ab. Durch die Kameraüberwachung und die folgende Auswertung seht ihr, wie gelassen euer Hund bleibt. Dementsprechend passt ihr das Training an. Wenn es gut läuft, verlängert sich die Dauer eurer Abwesenheit in den einzelnen Trainingsschritten. Damit ihr insgesamt nicht über die 20 bis 30 Minuten kommt, könnt ihr ruhig beim Warm-up sparen.

- Haus verlassen, Gartenweg hinuntergehen, 45 Sekunden still verharren, zurück, 45 Sekunden sitzen
- Haus verlassen, Gartenweg hinuntergehen, 100 Sekunden still verharren, zurück, 30 Sekunden sitzen
- Haus verlassen, Gartenweg hinuntergehen, 60 Sekunden still verharren, zurück, 75 Sekunden sitzen
- Haus verlassen, Gartenweg hinuntergehen, 150 Sekunden still verharren, zurück
- Training beenden, auswerten

Wie ihr seht, hatten wir die Anzahl der Warm-up-Schritte schon reduziert. Sie dienen lediglich der Einstimmung auf das Training, und Fiffi zeigte uns schnell, dass er sie nicht braucht. Wir wollten zunächst nicht ganz auf das Einstiegsritual verzichten, haben es aber stark verkürzt. Auch dabei sind wir nicht linear vorgegangen, sondern haben wie folgt reduziert: sieben Aufwärmübungen, dann vier, dann sechs, dann drei, dann vier, dann fünf, dann drei, dann sechs, dann vier, dann drei. Bei drei sind wir schließlich geblieben. Unsere Auswertung des Trainings zeigte, dass Fiffi kaum mehr aufstand, sondern bei allen Schritten entspannt blieb. Damit war er bereit für den ersten Trigger. Selbstverständlich machten wir dafür das Training an anderer Stelle leichter – wir verkürzten die Dauer der Abwesenheit. Unser Tagesziel war nun, dass Ingrid die Laptoptasche mit zur Tür nehmen konnte, ohne dass Fiffi gestresst war. Das Training gestalteten wir wie folgt:

Warm-up:

- Tür von außen schließen, 20 Sekunden warten, zurück, 40 Sekunden sitzen
- Tür von außen schließen, 35 Sekunden warten, zurück, 30 Sekunden sitzen
- Tür von außen schließen, 15 Sekunden warten, zurück, 50 Sekunden sitzen

Der Anblick der Laptoptasche löste bei Fiffi Stress aus.

Training:

- Aufstehen, Laptop in die Tasche packen, Tasche am Tisch stehen lassen, Haus ohne die Tasche verlassen, Gartenweg hinuntergehen, 10 Sekunden still verharren, zurück, 45 Sekunden sitzen
- Aufstehen, Laptoptasche hochnehmen und an die Tür zum Bad stellen (von der Haustür weg), Haus ohne die Tasche verlassen, Gartenweg hinuntergehen, sofort zurück, Laptoptasche von der Badtür holen, 60 Sekunden sitzen
- Aufstehen, Laptoptasche hochnehmen, Tasche wieder hinstellen, Haus ohne die Tasche verlassen, 20 Sekunden still verharren, zurück, 75 Sekunden sitzen
- Aufstehen, Laptop aus der Tasche nehmen, Laptop wieder einpacken, gepackte Tasche mit zum Sofa nehmen, Tasche hinstellen, Haus ohne die Tasche verlas-

Fiffis kompletter Trainingsplan für die erste Woche:

	TAG 1	**TAG 2**	**TAG 3**	**TAG 4**	**TAG 5**
Gesamt-dauer:	25 Minuten	20 Minuten	28 Minuten	26 Minuten	22 Minuten
Warm-up:	3 Schritte in Richtung Tür	zur Tür, öffnen, von außen kurz anlehnen	5 Schritte in Richtung Tür	zur Tür, öffnen, von außen kurz anlehnen	zur Tür, öffnen, von außen 1 Sekunde schließen
Sitzen:	35 Sekunden	45 Sekunden	40 Sekunden	15 Sekunden	25 Sekunden
Next:	5 Schritte in Richtung Tür	5 Schritte in Richtung Tür	zur Tür, öffnen, von außen kurz anlehnen	5 Schritte in Richtung Tür	zur Tür, öffnen, einen Schritt raus
Sitzen:	35 Sekunden	35 Sekunden	60 Sekunden	50 Sekunden	50 Sekunden
Next:	zur Tür	zur Tür	zur Tür, öffnen, von außen 1 Sekunde schließen	zur Tür, Klinke anfassen	zur Tür, öff-nen, von außen 1 Sekunde anlehnen
Sitzen:	45 Sekunden	20 Sekunden	35 Sekunden	25 Sekunden	30 Sekunden
Next:	zur Tür, öffnen, wieder schließen	zur Tür, öffnen, von außen 1 Sekunde schließen	zur Tür, öffnen	zur Tür, öffnen	zur Tür, öffnen einen Schritt raus
Sitzen:	15 Sekunden	15 Sekunden	55 Sekunden	35 Sekunden	45 Sekunden
Next:	zur Tür, Klinke anfassen	zur Tür, öffnen	zur Tür	zur Tür, öffnen, von außen 1 Sekunde schließen	zur Tür, öffnen
Sitzen:	40 Sekunden	40 Sekunden	50 Sekunden	60 Sekunden	40 Sekunden
Next:	5 Schritte in Richtung Tür	zur Tür, öffnen, einen Schritt raus	zur Tür, Klinke anfassen	zur Tür	zur Tür
Sitzen:	30 Sekunden	25 Sekunden	30 Sekunden	20 Sekunden	15 Sekunden
Next:	zur Tür, öffnen, von außen kurz anlehnen	zur Tür, Klinke anfassen	zur Tür, öffnen, einen Schritt raus	zur Tur, öffnen	zur Tür, Klinke anfassen
Sitzen:	60 Sekunden	50 Sekunden	45 Sekunden	55 Sekunden	20 Sekunden
Los geht's:	3 Sekunden raus, Tür dabei schlie-ßen	50 Sekunden raus, Tür dabei schließen	20 Sekunden raus, Tür dabei schließen	40 Sekunden raus, Tür dabei schließen	60 Sekunden raus, Tür dabei schließen
Sitzen:	45 Sekunden	30 Sekunden	75 Sekunden	75 Sekunden	45 Sekunden

Next:	10 Sekunden raus, Tür dabei schließen	40 Sekunden raus, Tür dabei schließen	40 Sekunden raus, Tür dabei schließen	20 Sekunden raus, Tür dabei schließen	10 Sekunden raus, Tür dabei schließen
Sitzen:	90 Sekunden	45 Sekunden	30 Sekunden	60 Sekunden	75 Sekunden
Next:	zur Tür, Klinke drücken	20 Sekunden raus, Tür dabei schließen	30 Sekunden raus, Tür dabei schließen	50 Sekunden raus, Tür dabei schließen	50 Sekunden raus, Tür dabei schließen
Sitzen:	30 Sekunden	60 Sekunden	90 Sekunden	30 Sekunden	45 Sekunden
Next:	20 Sekunden raus, Tür dabei schließen	10 Sekunden raus, Tür dabei schließen	50 Sekunden raus, Tür dabei schließen	5 Sekunden raus, Tür dabei schließen	5 Sekunden raus, Tür dabei schließen
Sitzen:	45 Sekunden	75 Sekunden	45 Sekunden	75 Sekunden	30 Sekunden
Next:	10 Sekunden raus, Tür dabei schließen	5 Sekunden raus, Tür dabei schließen	10 Sekunden raus, Tür dabei schließen	30 Sekunden raus, Tür dabei schließen	20 Sekunden raus, Tür dabei schließen
Sitzen:	90 Sekunden	60 Sekunden	60 Sekunden	90 Sekunden	60 Sekunden
Next:	20 Sekunden raus, Tür dabei schließen	30 Sekunden raus, Tür dabei schließen	5 Sekunden raus, Tür dabei schließen	60 Sekunden raus, Tür dabei schließen	40 Sekunden raus, Tür dabei schließen
Sitzen:	60 Sekunden	45 Sekunden	75 Sekunden	30 Sekunden	45 Sekunden
Next:	15 Sekunden raus, Tür dabei schließen	60 Sekunden raus, Tür dabei schließen	30 Sekunden raus, Tür dabei schließen	zur Tür, Klinke anfassen	20 Sekunden raus, Tür dabei schließen
Sitzen:	30 Sekunden	Ende	60 Sekunden	45 Sekunden	75 Sekunden
Next:	25 Sekunden raus, Tür dabei schließen		15 Sekunden raus, Tür dabei schließen	30 Sekunden raus, Tür dabei schließen	15 Sekunden raus, Tür dabei schließen
Sitzen:	75 Sekunden		45 Sekunden	75 Sekunden	60 Sekunden
Next:	zur Tür, Klinke anfassen		zur Tür, Klinke anfassen	5 Sekunden raus, Tür dabei schließen	80 Sekunden raus, Tür dabei schließen
Sitzen:	60 Sekunden		75 Sekunden	60 Sekunden	Ende
Next:	20 Sekunden raus, Tür dabei schließen		55 Sekunden raus, Tür dabei schließen	15 Sekunden raus, Tür dabei schließen	
Sitzen:	30 Sekunden		Ende	90 Sekunden	
Next:	45 Sekunden raus, Tür dabei schließen			65 Sekunden raus, Tür dabei schließen	
Sitzen:	Ende			Ende	

sen, Gartenweg hinuntergehen, 10 Sekunden still verharren, zurück, Laptoptasche von der Couch wieder mitnehmen, 45 Sekunden sitzen
- Aufstehen, Laptoptasche anfassen, aber stehen lassen, Haus ohne die Tasche verlassen, Gartenweg hinuntergehen, sofort zurück, 90 Sekunden sitzen
- Aufstehen, Laptop aus- und wieder einpacken, Tasche stehen lassen, Haus ohne die Tasche verlassen, 20 Sekunden still verharren, zurück, 60 Sekunden sitzen
- Aufstehen, Laptoptasche hochnehmen, mit der Tasche zur Tür gehen, Klinke anfassen, zurück
- Training beenden, auswerten

Zu Beginn war Fiffi beunruhigt, als wir die Laptoptasche ins Spiel brachten. Durch das langsame Vorgehen, das Hin-und-her-Bewegen der Tasche, ohne diese mit nach draußen zu nehmen, jeweils gefolgt von einer kürzeren Alleinbleibzeit, von der wir bereits wussten, das Fiffi sie problemlos schaffen kann, meisterte er auch diese Herausforderung. So gaben wir ihm im Verlauf des Trainings die Sicherheit, dass auf das Nehmen der Tasche immer eine für ihn gut machbare Alleinbleibzeit folgt. Dieser Punkt ist ausgesprochen wichtig. Der anfangs beschriebene veraltete Trainingsansatz, bei dem man versucht, den Triggern ihre Bedeutung zu nehmen, indem man sie sehr häufig wiederholt, ohne zu gehen – ihr erinnert euch: Jacke/Schuhe an- und ausziehen oder in Fiffis Fall Laptop ein- und auspacken –, funktioniert leider nicht. Denn all das können wir nicht vermeiden, wenn wir tatsächlich gehen. Deshalb bauen wir unser Training so auf, dass der Hund bereits eine kurze Alleinbleibzeit gut bewältigen kann, bevor wir die Trigger wohldosiert und kleinschrittig einbauen. Unser Ziel ist, die ehemals Angst auslösenden Trigger zu Ankündigern für eine Alleinbleibzeit zu machen, von der der Hund weiß, dass er sie bewältigen kann. Bei Fiffi kamen wir mit dem Training schnell voran. Bereits in der ersten Woche, nachdem wir die Laptoptasche hinzugenommen hatten, konnte Ingrid sie zum ersten Mal kurz mit hinausnehmen und sofort wieder zurückkehren. Danach hat es zwei Wochen gedauert, bis Ingrid die Laptoptasche mitnehmen und für eine Dauer von 2 Minuten draußen bleiben konnte. Währenddessen lag er in seiner Höhle mit geschlossenen Augen auf der Seite. Weil er so relaxed war, konnten wir das Trainingstempo steigern. Viele andere Hunde brauchen beim Einführen der Trigger erheblich länger. Dieser Schritt ist herausfordernd, deswegen geben wir jedem Hund die Zeit, die er individuell braucht.

Die weiteren Trigger haben wir peu à peu eingeführt und dann begonnen, die Zeit auszudehnen. Wieder haben wir darauf geachtet, das Training immer dann, wenn wir es in einem Bereich schwerer gemacht haben, in einem anderen zu erleichtern. Wir haben also zunächst das Laptop wieder außen vor gelassen und haben Ingrids „Büroschuhe" als Trigger eingeführt. Genau wie bei der Laptoptasche sind wir in kleinen variablen Schritten vorgegangen, haben die Schuhe zunächst nur aus dem Schuhschrank geholt, mal einen angezogen, wieder ausgezogen, ganz ähnlich, wie wir mit der Laptoptasche vorgegangen sind.

Als Fiffi beim Training mit Ingrids Büroschuhen ebensolche Fortschritte machen konnte wie beim Laptop, fingen wir an, die Trigger zu kombinieren. Auch hier haben wir wieder eine deutliche Steigerung im Schwierigkeitsgrad des Trainings, deswegen haben wir das Training an anderer Stelle erleichtert. Ingrid konnte in den Büroschu-

Unser Trainingsziel:
ein entspanntes Hund.

Foto © Manuela Zaitz

Anforderungen sinnvoll steigern

Bei unserem Training müssen wir stets die Emotionslage unseres Hundes im Auge behalten. Er bestimmt das Tempo, in dem wir vorgehen, und es ist wichtig, dass er zu keiner Zeit in die Trennungsangst kommt. Ich will an dieser Stelle absolut klar sein: Wir wollen überhaupt keine Angst, nicht mal ein kleines bisschen! Wir trainieren durchaus am „Kipppunkt" des Hundes, achten aber darauf, dass es nicht zum Kippen kommt. Deswegen ist es auch so wichtig, das Training in einem Bereich leichter zu machen, wenn wir es in einem anderen schwieriger machen. Nehmen wir einmal an, der Hund kommt schon gut klar, wenn ihr ca. 5 Minuten lang aus dem Haus seid, und ihr wollt einen Trigger wie eure Tasche mit dazunehmen. Nun solltet ihr nicht die Tasche schnappen und 5 Minuten das Haus verlassen. Selbst nur 2 Minuten wären hier schon zu viel für den Anfang, denn der Trigger macht das Training für den Hund erheblich schwerer. Wie bei Fiffi solltet ihr die Tasche zu Beginn nur anfassen, dann mal etwas hineintun, die Tasche anheben und wieder hinstellen, die Tasche mit zur Tür zu nehmen und so weiter, bis ihr schließlich die Tasche nehmt, kurz das Haus verlasst und wieder hereinkommt. Ich möchte das Prinzip noch mal an einem Beispiel aus unserer menschlichen Welt verdeutlichen: Viele Menschen haben große Hemmungen, eine Rede vor anderen Menschen zu halten. Stellt euch vor, ihr habt den Text für eine solche Rede geschrieben, ihn euch selbst laut vorgelesen, Stichpunkte gemacht und anhand der Stichpunkte möglichst frei formuliert. Allein in eurer Küche könnt ihr den 20-minütigen Vortrag flüssig halten. Prima! Nun hole ich euch ab und fahre mit euch in eine Fußballarena, wo ihr den Vortrag in einer Stunde vor 70.000 Leuten halten sollt. Großartig – oder eher doch nicht? Selbst wenn das Publikum nur aus 300 Zuhörern bestünde, würden die meisten Menschen sich jetzt ausgesprochen unwohl fühlen, nicht wenige bekämen sogar massive Panik.

Wenn wir angstfrei Dinge schaffen wollen, müssen wir uns langsam herantasten und die Erfahrung machen, dass wir die jeweilige Hürde sicher schaffen können, bevor wir den Schwierigkeitsgrad weiter steigern. Dabei ist es wichtig, eine

hen das Haus für 2 Minuten verlassen und Fiffi lag entspannt auf seiner Decke. Hätte Ingrid an dieser Stelle das Laptop genommen und hätte damit das Haus für 2 Minuten verlassen, wäre ein Rückschritt fast vorprogrammiert. Also haben wir es erst leicht begonnen, Schuhe angezogen, zur Tür, diese geöffnet, wieder geschlossen, Laptoptasche genommen, auf den Tisch gelegt, hingesetzt. Wir haben also darauf geachtet, es mit zwei Triggern nun nicht doppelt so schwer zu machen, sondern haben unsere Übungen so gestaltet, dass wir Erfolge für Fiffi hatten.

Die Warm-ups, die wir bereits reduziert hatten, haben wir später ganz weggelassen, weil wir den Eindruck hatten, dass Fiffi sie nicht mehr benötigte. Ab dem Zeitpunkt, als er in etwa 20 Minuten entspannt allein bleiben konnte, hatten wir dann nur noch diesen einen Trainingsschritt, bei dem wir die Zeit nach und nach weiter ausbauten – selbstverständlich variabel.

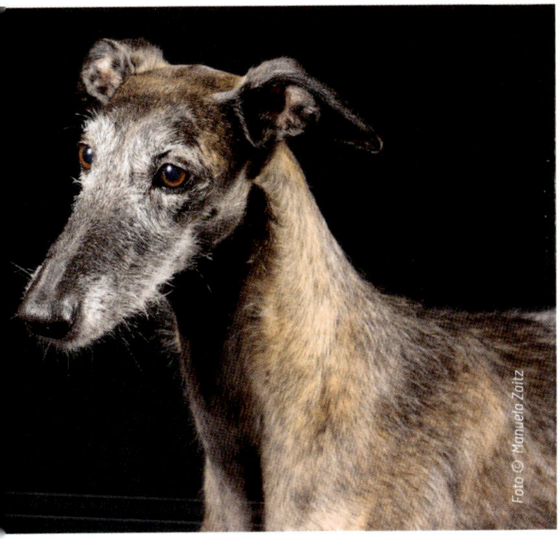

Eine gute Balance im Training ermöglicht es, den Schwierigkeitsgrad zu steigern, ohne den Hund zu überfordern.

gute Balance zu halten und die ideale Steigerung zu finden, um das Ziel möglichst effizient zu erreichen. Direkt ins kalte Wasser zu springen, ist dabei ebenso wenig hilfreich wie eine langsame lineare Steigerung. Um bei dem Beispiel mit der Rede zu bleiben: Wenn ihr euren Vortrag gut geübt habt, ist es zunächst günstig, diesen vor einer anderen Person zu halten. Würden wir nun aber mit jedem Tag eine weitere Person dazunehmen, könntet ihr im besten Fall in einem Jahr vor 365 Menschen sprechen. Dieses Ziel wäre durch einen geschickten Trainingsplan mit motivierenden Zwischenzielen und immer wieder eingebauten leichteren Schritten deutlich schneller und sicherer zu erreichen, also Ziele wie ein Vortrag vor einer, drei, sieben, zwölf, 20 Personen, wobei ihr zwischendurch immer wieder vor weniger Personen sprechen dürft. Wesentlich ist wie beim Hund, dass wir die Steigerung so wählen, dass ihr die Ziele schaffen könnt und euch dabei wohlfühlt. Wie schnell man vorankommt, ist auch bei uns Menschen individuell verschieden. Während die einen schnell das Vertrauen in sich entwickeln, das sie benötigen, um größere Hürden zu schaffen, brauchen andere länger und mehr leichte Zwischenaufgaben, um nicht am Schwierigkeitsgrad zu verzweifeln.

Das große Glück bei Ingrid und Fiffi war der tolle, empathische Chef. Er machte es möglich, dass wir das Training mit in Ingrids Arbeitszeit einfließen lassen konnten. Sie fuhr zur Arbeit und holte Fiffi dann zum Ende seiner jeweiligen Trainingszeit verlässlich ab. So konnten wir die Zeiten gut steigern, und mittlerweile schafft Fiffi die sechs Stunden Alleinbleibzeit, in denen Frauchen arbeitet, ohne Probleme. Natürlich gab es während unserer Trainingszeit zwischendurch auch mal Rückschritte. Das kann immer passieren. Man muss flexibel bleiben, das Training entsprechend an das Niveau anpassen, das der Hund gerade leisten kann, und sich von da aus wieder vorantasten.

Fun Fact: Fiffi ist dem Chef und den Mitarbeitenden im Büro sehr ans Herz gewachsen. Er ist zum Bürohund geworden und am liebsten hätten ihn alle jeden Tag im Büro mit dabei. Aus Trainingsgründen bleibt er jedoch zwischendurch immer mal wieder daheim.

Foto © Manuela Zaitz

3

So gelingt das Training mit dem eigenen Hund

Kommen wir jetzt zum spannenden und gleichzeitig schwierigen Teil: zu eurem individuellen Trainingsplan. Wie euch bereits klar ist, könnt ihr dabei leider keinem Schema F folgen. Ihr habt also alles vorbereitet, euren Hund gefilmt, das Material analysiert und alle Listen entsprechend ausgefüllt. Ihr wisst jetzt, was euer Hund bereits leisten kann und wo bei ihm die Anspannung beginnt. Die einen können vielleicht wie Ingrid den Hund problemlos allein lassen und sich im Garten verweilen, andere hören ihren Vierbeiner bereits jaulen, wenn sie zum Briefkasten gehen. Wieder andere möchten mit ihrem Welpen trainieren, der das Alleinbleiben noch gar nicht kennt und gar nicht erst Angst entwickeln soll.

Der individuelle Trainingsplan

Wie auch immer die individuelle Situation bei euch aussieht, zunächst solltet ihr den Safe Space für euren Hund etablieren sowie einen Entspannungsduft/eine Entspannungsmusik und ein Pausensignal einführen. Verwendet auf diese Schritte ausreichend Zeit. Der Hund muss seinen Wohlfühlplatz als solchen kennen- und schätzen lernen. Das Entspannungs- und das Pausensignal müssen gründlich aufgebaut sein, damit sie zuverlässig funktionieren.

Der Plan für Tag 1

Gehört euer Hund zu denen, die bereits beim Gang zum Briefkasten Anspannung zeigen, wählt ihr eure ersten Trainingsschritte selbstverständlich sehr viel kleiner als bei Fiffi aus unserem Beispiel. Für einen Hund, der bereits alarmiert ist, wenn ihr euch nur der Wohnungstür nähert, könnte das erste Wochenziel sein, dass er es schafft, ruhig und gelassen zu bleiben, wenn ihr aufsteht und in den Flur geht – den Flur eurer Wohnung, nicht den Hausflur.

Falls ihr jetzt die Augen verdreht und denkt: „In dem Tempo kommen wir ja nie so weit, dass ich mal einen Film im Kino ansehen kann", möchte ich euch noch mal daran erinnern, dass jede Reise mit dem ersten Schritt beginnt. Wir bauen hier ein Fundament für das Alleinbleiben, und wir wollen, dass es solide wird. Nur auf ein stabiles Fundament können wir sicher aufbauen. Wenn wir zu schnell durch die Anfänge des Trainings jagen, fällt uns das später auf die Füße. Ich kann es nicht oft genug sagen: Wählt eure Ziele so, dass euer Hund sie leicht erreichen kann und sich dabei wohlfühlt. Das Training für das definierte Wochenziel „Hund bleibt entspannt, während ich in den Flur gehe", beginnt also an Tag 1 vollkommen unspektakulär mit kleinen Warm-up-Schritten, wie:

- Aufstehen, direkt wieder hinsetzen
- Aufstehen, 1 Sekunde stehen, hinsetzen
- Aufstehen, 1 Sekunde stehen, in Richtung Flur drehen, hinsetzen und so weiter.

Wie schon im Beispiel mit Fiffi beschrieben, notiert ihr die einzelnen Warm-up-Schritte mit Bleistift auf Karteikärtchen, mischt diese gut durch und deckt sie untereinander auf, um die Reihenfolge festzulegen. Daneben kommen eure Zeitkärtchen mit 15 bis 60 Sekunden für das Sitzen während des Warm-ups. Denkt daran, eine lineare Steigerung zu vermeiden, auch wenn diese zufällig entsteht. In diesem Fall könnt ihr Kärtchen tauschen.

Die Warm-ups wählt ihr absichtlich so leicht, dass der Hund in einer guten Stimmung ins Training geht. Anschließend legt ihr das Trainingsziel für Tag 1 fest. Beobachtet dafür in eurem Ausgangsvideo genau, wann der Hund erste Anzeichen für Unruhe zeigt. Euer schwierigster Trainingsschritt für den Tag sollte ganz knapp unter dieser Reizschwelle bleiben, alle anderen Schritte müssen leichter sein. Das gilt für das gesamte Training. Ihr „kitzelt" euch hinsichtlich der Zeit und der Präsentation der Trigger immer an der Grenze des Hundes entlang. Je länger ihr übt, umso weiter wird sie sich verschieben.

Bei unserem aktuellen Beispiel könnte das Trainingsziel für den ersten Tag sein, dass der Hund entspannt bleibt, während ihr drei Schritte durch den Raum lauft, und zwar nicht in Richtung des Flurs. Das ist der schwerste Schritt für diesen Tag und damit der letzte Punkt auf dem Trainingsplan. Nun überlegt ihr, in welchen Schritten ihr nach und nach (linear) dorthin kommen könntet, und schreibt diese Schritte auf, etwa so:

- Aufstehen, 1 Sekunde stehen bleiben, hinsetzen
- Aufstehen, eine Vierteldrehung machen, hinsetzen
- Aufstehen, einen Fuß nach vorn setzen, hinsetzen
- Aufstehen, einen Schritt gehen, zurück, hinsetzen
- Aufstehen, einen Schritt gehen, 2 Sekunden stehen bleiben, zurück, hinsetzen
- Aufstehen, zwei Schritte gehen, zurück, hinsetzen
- Aufstehen, drei Schritte gehen, zurück, Training beenden

Schreibt auch diese Schritte auf die Karteikärtchen, mischt sie gut durch und deckt sie untereinander auf. Anschließend lost ihr, wie bereits beschrieben, die Sitzzeiten zu, die zwischen 30 und 90 Sekunden liegen. Wenn ihr mehr oder (später im Training) weniger Schritte benötigt, könnt ihr die Anzahl der Zeitkärtchen anpassen. Und selbstverständlich könnt ihr auf die Kärtchen verzichten, wenn ihr euch sicher seid, dass es euch gelingt, auch ohne diese Hilfe erkennbare Muster zu vermeiden.

Nach dem letzten Trainingsschritt beendet ihr euer Training. Falls euer Hund etwas unruhig geworden ist, wartet kurz, bis er sich wieder beruhigt hat, entfernt erst dann euer Pausensignal und wertet euer Training aus, indem ihr euer Trainingsvideo anschaut und zu jedem Schritt detaillierte Notizen macht. Denkt daran, das beobachtete Verhalten nur zu beschreiben, nicht zu interpretieren.

Die ersten Wochen

Wie bei Fiffi arbeitet ihr in der ersten Zeit an der Dauer des Alleinbleibens. Ihr solltet an fünf Tagen pro Woche jeweils 20 bis 30 Minuten üben. Diese Zeit umfasst alles, also Warm-up und Training, jeweils inklusive der Sitzpausen. Die Warm-up-Schritte könnt ihr im Verlauf des Trainings entsprechend reduzieren, wenn ihr mehr Zeit für die Trainingsschritte braucht, weil euer Hund schon längere Alleinbleibzeiten schafft. Eine Aus-

Auch wenn der Hund „nur" still an der Tür wartet, ist das ein Zeichen für Trennungsstress.

nahme von der 20-bis-30-Minuten-Regel mache ich bei Welpen oder alten Hunden: Hier kann es sinnvoll sein, die Trainingszeit in zwei Etappen von 10 bis 15 Minuten aufzuteilen. Ihr müsstet dann zwei kürzere Trainingspläne mit jeweils weniger Warm-up- und Trainingsschritten schreiben.

Achtet darauf, dass die Trainingsziele sich innerhalb einer Woche nicht Tag für Tag linear steigern. Es sollten immer Tage mit leichteren Aufgaben dazwischen sein, die euer Hund „mit links" meistern kann. Bitte passt hier ebenfalls auf, dass ihr keine Muster entwickelt, etwa Tag 1, 3 und 5 schwer und Tag 2 und 4 leicht. Wenn ihr wollt, könnt ihr auch hier mit Karteikärtchen arbeiten. Schreibt die Ziele auf, mischt sie durch und zieht dann die Reihenfolge von Tag 1 bis Tag 5. Ich steigere gern so lange nur die Dauer, bis der Hund eine Zeit von ca. 5 Minuten entspannt bewältigen kann. Dann erst nehme ich Trigger hinzu.

Wichtig: Sitzzeiten einhalten

Bitte haltet die ausgelosten Sitzzeiten genau ein. Wir wollen damit erreichen, dass der Hund zwischen den einzelnen Settings eine kurze Pause hat, damit der jeweils nächste Schritt eine Art Neustart ist. Ihr sollt aber nicht jedes Mal warten, bis der Hund entspannt liegt, und dann erst weitermachen. Würdet ihr so verfahren, wäre die Gefahr groß, dass der Hund bemerkt, dass ihr immer dann aufsteht und geht, wenn er zum Beispiel seinen Kopf ablegt. Er würde sich dieses Muster merken und den Kopf aufgrund dieser Verknüpfung in Zukunft wahrscheinlich seltener ablegen.

Training mit Triggern

Häufig lernen die Hunde zu Anfang des Trainings recht leicht, eine kurze Zeit allein zu bleiben. Die Hinzunahme eines Triggers stellt sie dann aber vor größere Herausforderungen. Das liegt daran, dass die Hunde den Kontext erkennen und sich erinnern. Wenn der Trigger bisher immer eine lange Abwesenheit angekündigt hat, in der der Hund Angst oder Panik empfand, dann ist es nur logisch, dass er jetzt in Stress gerät. Deshalb gehen wir beim Einführen dieser Ankündiger besonders umsichtig vor. Sucht aus eurer Liste den für euren Hund harmlosesten Trigger heraus und beginnt mit diesem. Das könnte zum Beispiel das Anziehen der Schuhe sein.

Wenn euer Hund aktuell 4 bis 5 Minuten Abwesenheit entspannt geschafft hat, solltet ihr diese Zeit jetzt deutlich reduzieren. Bitte zieht jetzt auch nicht einfach eure Schuhe an und geht für anderthalb Minuten raus, weil ihr annehmt, dass die kürzere Zeit bestimmt okay sein wird. Denkt immer daran, dass euer Hund das Verlassen der Wohnung mit Schuhen damit verknüpft hat, dass für ihn eine lange, stressige Alleinbleibzeit folgt. Er weiß nicht, dass ihr nur eine kurze Abwesenheit geplant habt. Damit der Trigger „Schuhe anziehen" zum Ankündiger für eine sichere, angenehme Alleinbleibzeit werden kann, könnten die ersten Trainingsschritte nach unserem Warm-up so aussehen:

- Schuhe aus Schuhschrank holen, davorstellen
- Einen Schuh anziehen, Schuh ausziehen
- Einen Schuh anziehen, zur Tür gehen, Türklinke berühren, Schuh ausziehen
- Einen Schuh anziehen, zur Tür gehen, Tür öffnen, Tür von innen wieder schließen, Schuh ausziehen

Für ältere Hunde ist es besser, das Training in zwei kürzere Etappen aufzuteilen.

- Beide Schuhe anziehen, damit ins Bad gehen, zurückkommen, Schuhe ausziehen
- Schuhe anziehen, zur Tür gehen, Schuhe ausziehen
- Schuhe anziehen, zur Tür gehen, Tür öffnen, Tür schließen, Schuhe ausziehen
- Schuhe anziehen, zur Tür gehen, Tür öffnen, vor die Tür treten, zurückkommen, Tür von innen schließen, Schuhe ausziehen;
- Schuhe anziehen, zur Tür gehen, Tür öffnen, vor die Tür treten, Tür schließen und sofort wieder öffnen, Schuhe ausziehen

Denkt daran, die einzelnen Schritte wieder mithilfe eurer Karteikärtchen oder einer anderen Methode zu mischen. Selbstverständlich müsst ihr auch die entsprechenden Sitzzeiten auslosen und einbauen.

Wenn euer Hund vollkommen entspannt liegen bleibt, während ihr eure Schuhe anzieht, vor die Tür geht, eine Sekunde draußen bleibt und zurückkehrt, könnt ihr beginnen, die Zeit mit dem Trigger Schuhe auf die jetzt bekannte Art zu steigern. Nie, wirklich nie, nehmt ihr zwei Trigger gleichzeitig ins Training. Das Risiko, dass ihr Probleme bekommt, ist groß, und ihr wisst dann noch nicht mal, welcher der beiden Trigger für den Hund zu viel war. Übt mit den unterschiedlichen Triggern einzeln und nacheinander. Erst wenn euer Hund dabei gute Fortschritte gemacht hat, könnt ihr den Schwierigkeitsgrad steigern und zunächst zwei, später dann mehr Trigger kombinieren. Vergesst nicht, dass ihr auch dabei immer wieder die Alleinbleibzeit reduzieren müsst. Was euer Hund mit einem Trigger schon gut schafft, schafft er nicht automatisch mit mehreren.

Training mit längeren Alleinbleibzeiten

Eure Fortschritte im Training werden also in etwa so aussehen: Euer Hund schafft zunächst kürzere Alleinbleibzeiten ohne Trigger, dann längere Zeiten ohne Trigger, dann kürzere Zeiten mit Trigger, dann längere Zeiten mit jeweils einem Trigger, dann kürzere Zeiten mit zwei und später mehreren Triggern, dann längere Zeiten mit mehreren Triggern. Mit zunehmender Dauer der Alleinbleibzeiten werdet ihr weniger Warm-up-Schritte brauchen und auch weniger Trainingsschritte pro Einheit. Seid ihr beispielsweise bei 8 Minuten Alleinbleibzeit angelangt, macht ihr nur noch drei Trainingsschritte, weil ihr sonst die 30 Minuten Trainingszeit überschreiten würdet.

Erst wenn ihr bei 30 Minuten Alleinbleibzeit mit Triggern angelangt seid, steigert ihr die Zeit über die bisherige maximale Trainingszeit hinaus, um an euer Endziel zu gelangen. Das ist dann schon ein Zeitrahmen, den ihr für kleine Dinge nutzen könnt. Von nun an habt ihr immer nur noch einen einzigen Trainingsschritt, bei dem alle früheren Trigger involviert sind und den ihr in der Dauer verlängert. Achtet bei den Wochenplänen trotzdem darauf, dass ihr nicht kontinuierlich steigert, sondern immer zwei oder auch mal drei Tage mit etwas kürzeren Zeiten einbaut.

Falls in eurem Haushalt mehrere Menschen leben, bedenkt bitte außerdem, dass es durchaus Unterschiede für das Verhalten des Hundes beim Alleinbleiben machen kann, wer wann das Haus verlässt und wer trainiert. Es ist sinnvoll, wenn zunächst die Hauptbezugsperson das Training mit dem Hund gestaltet und einen Grundstein schafft. Im Idealfall trainieren danach alle Verantwortlichen eines Haushalts wechselnd, denn im Alltag werden sicher nicht jedes Mal alle auf einmal gehen. Selbst wenn ihr einen sehr geregelten Lebenswandel habt, achtet darauf zu üben, dass es für den Hund unerheblich ist, wer zuletzt aus dem Haus geht und ihn dann tatsächlich allein lässt.

Notiert auf eurem Trainingsplan, wer jeweils trainiert hat und wann das oder die andere(n) Haushaltsmitglied(er) zuvor gegangen sind. So erkennt ihr schnell die Muster eures Hundes.

Besonderheiten beim Training mit Welpen

Es ist eine tolle Idee, bei einem Welpen direkt mit strukturiertem Alleinbleibtraining anzufangen, statt darauf zu hoffen, dass es schon gut gehen und der Hund keine Probleme entwickeln wird. Als Trainerin wird mir häufig berichtet, der Welpe jammere und jaule zwar ein paar Minuten, wenn man das Haus verlasse, dann beruhige er sich aber und habe keine Probleme. Ich mag diese Herangehensweise nicht. Man kann mit dieser Strategie durchaus Glück haben und der Welpe gewöhnt sich tatsächlich ohne größere Schwierigkeiten ans Alleinbleiben. Mit Pech entwickelt sich aber ein ernstes Problem, das für den Hund viel Stress und Leid bedeutet. Zudem wird das daraufhin nötige Training sicher erheblich aufwendiger sein, als wenn man es gleich richtig gemacht hätte. Das Training beim Welpen funktioniert vom Prinzip her, wie für erwachsene Hunde beschrieben. Der Safe

Alleinbleibtraining von Anfang an kann dem Hund viel Stress ersparen.

Wenn ihr mehr als einen Hund habt, sollte jeder von ihnen auch einzeln allein bleiben können.

Space ist wichtig, ein Pausensignal hilfreich und konditionierte Entspannung empfehle ich ohnehin jedem Welpenbesitzer.

Im Gegensatz zu den erwachsenen Hunden dürfen die Trainingssessions aber keine 30 Minuten dauern. Schreibt bitte deutlich kürzere Pläne mit 10 bis 15 Minuten Dauer. Dafür plant ihr idealerweise zwei Einheiten pro Tag.

Bei Welpen ist es noch wichtiger als bei erwachsenen Hunden, darauf zu achten, dass sie vor dem Training Pipi gemacht und den Darm entleert haben. Und falls es eine Tageszeit gibt, zu der euer Welpe regelmäßig seine „wilden fünf Minuten hat", sollte das nicht die Zeit sein, zu der ihr übt.

Was, wenn ich mehr als einen Hund habe?

Ich habe einige Kund:innen, die mehrere Hunde haben. Von diesen hat manchmal nur einer Trennungsstress, manchmal sind es auch mehrere.

Im Prinzip ist das Vorgehen gleich: Ihr filmt eure Ausgangssituation und füllt für jeden eurer Hunde die Bögen aus, um ein Bild zu bekommen. Euer Training orientiert sich immer an dem Hund, der den meisten Stress hat, und der Trainingsplan wird so angepasst, dass keiner der Hunde mit einem Einzelschritt überfordert wird. So bekommt ihr erst mal den Fuß in die Tür, damit die Hunde gemeinsam stressfrei allein bleiben können. Als Mehrhundebesitzerin ist mein persönliches Ziel allerdings, dass die Hunde auch getrennt voneinander allein bleiben können. Wenn man Hunde unterschiedlichen Alters oder unterschiedlicher Bedürfnisse hat, ist es immer von Vorteil, wenn man mit einem Hund allein das Haus verlassen kann, ohne dass dies Stress für die anderen bedeutet.

Wenn ich das erreichen will, trainiere ich mit jedem Hund einzeln, während der andere außer Haus gut betreut wird. Für die meisten Hunde ist einer der größten Trigger, wenn die Bezugsperson das Haus zusammen mit dem anderen im Haushalt lebenden Hund verlässt. Um daran zu arbeiten, muss das Training bereits gut vorangeschritten sein.

Einmal erlernt, für immer ausgesorgt?

Das wäre schön: Ihr macht euch einmal die Mühe, dem Hund das Alleinbleiben beizubringen, und dann kann er es lebenslang. Ich würde es uns allen wünschen, dass es so einfach wäre, aber leider sind Rückfälle durchaus möglich, was für einen selbst dann immer auch eine neue emotionale Belastung bedeutet. Während der Coronapandemie haben viele Firmen ihren Mitarbeitenden die Möglichkeit des Homeoffice eingeräumt, die Kinder wurden zu Hause unterrichtet und Freizeitaktivitäten außerhalb der eigenen vier Wände waren kaum noch möglich. Somit waren viele Hunde plötzlich keine Minute mehr allein und gewöhnten sich an diese Situation. Der anschließende Umstieg auf den eigentlich normalen Alltag fiel vielen dann schwer.

Auch persönliche Veränderungen in eurem Leben, wie ein Umzug, eine Trennung, ein Urlaub, eine Erkrankung oder der Tod eines Partnerhundes, können euren Vierbeiner aus der Bahn werfen. Und falls ihr feststellt, dass euer Hund von einem auf den anderen Tag nicht mehr allein bleiben kann, ist ein Besuch beim Tierarzt auf jeden Fall eine gute Idee, denn Schmerzen können ein Grund dafür sein.

Es gibt viele Gründe, warum das gut trainierte Alleinbleiben plötzlich nicht mehr klappt. Wie man am besten damit umgeht, ist individuell verschieden. In vielen Fällen hilft eine erneute Analyse mit anschließendem Training, aber manchmal muss man andere Lösungen finden, was ich euch mit einem persönlichen Beispiel verdeutlichen möchte:

Ich habe immer darauf geachtet, dass meine Hunde auch getrennt voneinander entspannt allein bleiben können. Zeitweise hatte ich drei große Hunde mit unterschiedlichen Hobbys. Immer alle Hunde mitzunehmen, wäre sicher möglich gewesen, aber auch sehr unpraktisch.

Als meine Hündin Scully starb, lebte nur noch mein Aussie Morris bei mir. Von einem Tag auf den anderen war er nicht mehr in der Lage, allein zu bleiben. Das ist mir nur deshalb aufgefallen, weil ich seit Jahren ein Kamerasystem nutze, um zu sehen, was meine Hunde tun, wenn ich nicht da bin. Das Alarmsystem der Kamera informierte mich über „Geräusche", und als ich mir über die Live-Ansicht anschaute, was daheim vorging, zerriss es mir das Herz. Morris wimmerte leise, steigerte dann seine Lautäußerungen zu einem lauteren Winseln und endete in einem tiefen Jaulen. Dabei wechselte er die Plätze, stand manchmal an der Glastür und schaute nach draußen, dann wieder befand er sich mitten im Raum. Nach jedem langen, tiefen Jaulen hielt er inne und es sah aus, als lausche er. Dann begann alles von vorn. Den eigenen Hund so verzweifelt zu sehen, hat mich, zusätzlich zu meiner eigenen Trauer, völlig umgeworfen.

Ich nahm Kontakt zu meinem Kollegen und Trennungsstress-Spezialisten Gerrit Stephan

Foto © Manuela Zaitz

Manchmal muss man das Training auffrischen, damit das Alleinbleiben wieder klappt.

auf und bat um Rat. Ich war mir unsicher, wie ich vorgehen sollte, ob ich nun wieder bei null mit dem Alleinbleibtraining beginnen sollte. Gemeinsam fassten wir einen Plan: In den kommenden acht Wochen ließ ich Morris überhaupt nicht allein daheim. Ich nahm ihn mit zur Post, zum Einkaufen – im Auto konnte er problemlos warten und die Temperaturen waren niedrig genug dafür –, und während meines Unterrichts war er mit im Raum. Freizeitaktivitäten ohne Hund waren gestrichen. Eine externe Hundebetreuung kam für mich nicht infrage, weil auch ich durch den Tod meiner Hündin angeschlagen war. So waren Morris und ich fast Tag und Nacht zusammen und fanden gemeinsam in den neuen Alltag zu zweit. Nach zwei Monaten startete ich den ersten Alleinbleibversuch, natürlich kameraüberwacht und bereit, bei den ersten Anzeichen von Unruhe zurückzukehren. Aber es passierte nichts. Morris lag und schlief, wie er das früher getan hatte, so als wäre nichts gewesen. Er hatte Zeit gebraucht, um zu trauern, und nun konnten wir von unserer guten Basis profitieren. Das Alleinbleiben klappte wie zuvor.

Heute ist Morris 16 Jahre alt, und seit er etwas dement ist, kann er nicht mehr allein bleiben. Aufgefallen ist mir das wieder durch die Kameraüberwachung. Ich verließ das Haus mit meinem jungen Hund Mate, der zwischenzeitlich bei uns eingezogen ist. Morris legte sich zunächst auf den Teppich und schlief. Als er wach wurde, lief er durch das Erdgeschoss und machte den Eindruck, als suche er mich und den jungen Mate. Als er

Nur nicht den Kopf in den Sand stecken! Ein Notfallplan sorgt für die nötige Gelassenheit.

Foto © Manuela Zeitz

feststellte, dass er allein war, begann er zu jaulen. Meine Interpretation ist, dass er sich schlicht nicht mehr erinnern konnte, dass wir gegangen sind, und er mit der Situation, plötzlich allein zu sein, nicht zurechtkam.

Für mich bedeutet das, dass ich Morris nicht mehr ganz allein lasse. Ist sein Hundekumpel bei ihm, ist es für ihn nach wie vor in Ordnung, ohne mich zu sein. So sind manche Dinge nun etwas komplizierter, aber ich will, dass er seinen letzten Lebensabschnitt hier so verbringt, wie er es verdient hat.

Nehmt meine Geschichte als Plädoyer für eine dauerhafte Kameraüberwachung, auch über das eigentliche Training hinaus, wenn ihr eure Ziele bereits erreicht habt. Man weiß nie, was kommt, und es gibt euch ein Quäntchen mehr Sicherheit.

Wenn ich irgendwo aufgehalten wurde, eigentlich schon viel zu lang fort bin, tut es mir gut, dass ich daheim reinzappen kann und sehe, dass meine Hunde entspannt schlafen. Es beruhigt unfassbar und ist die Kosten für die Kameras allemal wert.

Troubleshooting

Auch wenn ihr zuversichtlich seid, dass Ihr das Alleinbleibtraining mit eurem Hund gut hinbekommen werdet und alles so organisiert habt, dass ihr euren Hund außerhalb der Trainingszeiten nicht allein lassen müsst – macht euch bitte trotzdem einen Notfallplan. Mein Motto ist: „Besser haben als brauchen", und ich rate euch, dass ihr euch vor Trainingsbeginn um eine Notfallstrategie kümmert. Dazu gehört eine Liste mit zwei oder drei zuverlässigen Menschen, die sich um den Hund kümmern können, wenn ihr nicht aufschiebbare Dinge erledigen müsst. Falls ihr bisher niemanden dafür habt, ist jetzt der Moment, nach diesen Menschen zu suchen. Bitte macht das unbedingt, bevor ein Notfall eintritt.

Schaut außerdem im Internet nach gewaltfrei arbeitenden Trainer:innen, die ein ähnliches Alleinbleibtraining anbieten wie hier beschrieben, und speichert ihre Nummern ab. Einige Trainer:innen findet ihr auf meiner Website unter der Rubrik Trennungsstress, vielleicht ist jemand aus eurer Umgebung mit dabei. Falls nicht: Viele der Kolleg:innen bieten Onlinetraining an. Das funktioniert bei Trennungsstress sehr gut ohne Vor-Ort-Termine. Nehmt unbedingt ihre professionelle Hilfe in Anspruch, falls ihr allein nicht weiterkommt.

Sucht außerdem online nach Verhaltensmediziner:innen in eurer Nähe oder fragt in eurer Tierarztpraxis, an wen ihr euch wenden könnt, für den Fall, dass sich das Problem eures Hundes als komplexer erweist, als ihr erwartet hattet.

Einen Hund mit Trennungsstress zu haben, verlangt auch den dazugehörigen Menschen viel ab. Wartet also nicht zu lange damit, auf euren Notfallplan zurückzugreifen und euch Unterstützung zu holen – dafür habt ihr ihn!

Leider kann es trotz der besten Vorbereitung passieren, dass, aus welchen Gründen auch immer, an irgendeinem Punkt alles schiefgeht und ihr aufgrund einer Notsituation das Haus länger verlassen müsst, als euer Hund es aktuell aushalten kann, ohne dass ihr eine Betreuung organisieren konntet. Das ist eine schreckliche Situation, euer Hund wird wahrscheinlich Stress haben, aber manchmal lässt es sich nun mal nicht vermeiden. Eines könnt ihr trotzdem tun: Nutzt keinen der bereits eingeführten Ankündiger, die dem Hund eine sichere Alleinbleibzeit garantieren. Verlasst das Haus ohne diese, um euch euer Training nicht ganz zunichtezumachen.

Foto © Julia Nießen

4

Mutmacher zum Schluss

Ich war in diesem Buch so ehrlich, wie es nötig ist. Einige von euch werden der Verzweiflung nah gewesen sein, als sie gelesen haben, dass sie während des Trainings sicherstellen müssen, dass der Hund nicht allein bleiben muss.

Auch die Tatsache, dass es keine simple Patentlösung gibt, keinen vorgegebenen Trainingsplan, dem man folgen kann, sondern dass man zunächst das Verhalten des eigenen Hundes detailliert auswerten und individuelle Pläne schreiben muss, war mit Sicherheit für einige frustrierend. Wer einen Hund zu sich holt, möchte eigentlich einen Begleiter, der das Leben ein bisschen schöner macht. Ich verstehe gut, wie belastend das ist, wenn man sich stattdessen einem größeren Problem gegenübersieht. Ich weiß, wie sehr dieses Thema schlaucht und was es einem abverlangt, zumal die ersten Schritte sehr klein sind und gefühlt ewig dauern. Ihr nehmt das Problem nun in Angriff, und ich wünsche mir, dass ihr auch die kleinen Trainingserfolge, die ihr als Team mit eurem Hund erreicht, feiert. Seid stolz auf euch und euren Hund, wenn er die ersten Sekunden und Minuten gelassen bleiben kann, wenn er allein ist. Lasst euch die Freude an diesen erreichten kleinen Zielen nicht nehmen, denn ihr wisst ja, wie viel Wert das hat.

Gerade weil dieses Thema kräftezehrend sein kann, achtet bitte gut auf euch. Gönnt euch zwischendurch etwas, und wenn ihr nur kurz mit einem lieben Menschen einen Kaffee trinken oder ein Eis essen geht – für diese kurze Zeit findet ihr bestimmt eine Betreuungsmöglichkeit für euren Hund.

Falls ihr noch keins habt: Sucht ein Hobby für euch und euren Hund als Team, irgendetwas, was euch beiden Spaß macht. Ich bevorzuge Freizeitaktivitäten, die nicht nur sportlich sind, sondern bei denen auch der Kopf etwas leisten muss. Ihr könnt ja kombinieren: Tricksen, Discdogging, Agility, Nasenarbeit, Balancetraining – schaut, was euch und eurem Hund liegt. Es ist wichtig, dass das Thema Trennungsstress nicht allein euren Alltag bestimmt. Ihr braucht gemeinsamen Spaß, damit nicht die gesamte Beziehung leidet.

Und vergesst nie: Euer Hund hat sich sein Problem nicht ausgesucht. Er kann nichts dafür, und wenn er wählen könnte, hätte er sicherlich lieber keine Schwierigkeiten mit dem Alleinsein. Ihr seid diejenigen, die ihm helfen können. Ihr schafft das.

Hilfreiches für euer Training

Im Folgenden findet ihr die Listen zum Ausfüllen für euer eigenes Training. Ihr könnt sie direkt kopieren oder über den QR-Code die Online-Version zum Ausdrucken aufrufen.

Hinweis

Hier findet ihr die Listen und Pläne zum Ausdrucken.

Auch auf meiner Website www.trickschule.de in der Rubrik „Trennungsstress" findet ihr diese Dateien und weitere hilfreiche Informationen. Passt sie für euch an und ergänzt sie um die Punkte, die für euch und euren Hund wichtig sind.

Wer sich tiefer in das Thema einlesen möchte, inklusive Links zu Studien rund um das Thema Trennungsstress, dem möchte ich das Buch von Malena DeMartini-Price „Separation Anxiety in Dogs – Next Generation Treatment Protocols and Practices" sehr empfehlen. Es ist nur auf Englisch erhältlich und richtet sich eher an Trainer:innen als an Hundehalter:innen.

Foto: © Manuela Zaitz

DINGE, DIE ICH TUE, BEVOR ICH DAS HAUS VERLASSE:	HUND REAGIERT ✗
	◯ ◯ ◯
	◯ ◯ ◯
	◯ ◯ ◯
	◯ ◯ ◯
	◯ ◯ ◯
	◯ ◯ ◯
	◯ ◯ ◯
	◯ ◯ ◯
	◯ ◯ ◯
	◯ ◯ ◯
	◯ ◯ ◯
	◯ ◯ ◯
	◯ ◯ ◯
	◯ ◯ ◯

Quelle: Manuela Zaitz: Mein Hund gelassen allein daheim, Cadmos Verlag

DINGE, DIE MEIN HUND TUT, WENN ICH DAS HAUS VERLASSE:	Nie	Selten	Häufiger	Oft	Immer

Quelle: Manuela Zaitz: Mein Hund gelassen allein daheim, Cadmos Verlag

CHECKLISTE	CHECK
Hund gesundheitlich abgeklärt?	
Stressoren überdacht und reduziert?	
Management steht? Gegebenenfalls Hundesitter?	
Safe Space eingerichtet?	
Kamera besorgt, aufgestellt und eingerichtet?	
Pausensignal eingeführt?	
Konditionierte Entspannung mit Duft begonnen?	
Entspannungsmusik oder RelaxoPet® eingeführt?	
Thundershirt® eingeführt?	
Trainer:in an eurer Seite?	
Kontakt zu Gleichgesinnten gesucht?	
Social support?	
Kleine Ziele formuliert?	
Liste „Dinge, die ich tue, bevor ich das Haus verlasse“ ausgefüllt?	
Liste „Dinge, die mein Hund tut, wenn ich das Haus verlasse“ ausgefüllt?	
Liste der Stressauslöser ausgefüllt?	
Ausgangsvideo gefilmt und ausgewertet?	
Ersten Trainingsplan schreiben und loslegen!	

Quelle: Manuela Zaitz: Mein Hund gelassen allein daheim, Cadmos Verlag

Datum:	Uhrzeit:	Wetter:	Stimmung:
Vorbereitung:	Pausenankündiger, Wohnungsschlüssel von außen einstecken, Klingel aus, Kamera an		
Dann:	5 Minuten sitzen		

		ANMERKUNGEN / AUSWERTUNG
Warm-up:		
Sitzen:		
Next:		
Sitzen:		
Next:		
Sitzen:		
Next:		
Sitzen:		
Next:		
Sitzen:		
Next:		
Sitzen:		
Next:		
Sitzen:		

Los gehts:		
Sitzen:		
Next:		
Sitzen:		
Next:		
Sitzen:		

Next:		
Sitzen:		
Next:		
Sitzen:		
Next:		
Sitzen:		
Next:		
Sitzen:		
Next:		
Sitzen:		
Next:		
Sitzen:		
Next:		
Sitzen:		
Next:		
Sitzen:		

Aufnahme speichern und auswerten, Anmerkungen und Notizen eintragen, Pausensignal entfernen, Klingel an.

NOTIZEN

	TAG 1	TAG 2	TAG 3	TAG 4	TAG 5
Gesamtdauer:					
Warm-up:					
Sitzen:					
Next:					
Sitzen:					
Next:					
Sitzen:					
Next:					
Sitzen:					
Next:					
Sitzen:					
Next:					
Sitzen:					
Next:					
Sitzen:					

Los geht's:					
Sitzen:					
Next:					
Sitzen:					
Next:					
Sitzen:					
Next:					
Sitzen:					
Next:					
Sitzen:					

Quelle: Manuela Zaitz: Mein Hund gelassen allein daheim, Cadmos Verlag

Next:					
Sitzen:					
Next:					
Sitzen:					
Next:					
Sitzen:					
Next:					
Sitzen:					
Next:					
Sitzen:					
Next:					
Sitzen:					
Next:					
Sitzen:					

NOTIZEN

Danksagung

Fangen wir beim Titelbild an: Ein riesiges Dankeschön geht an meine liebe Freundin Julia Nießen mit Q. Wir hatten ein tolles Fotoshooting mit vielen großartigen Bildern. Ganz zum Schluss wollten wir nur noch eine Sache ausprobieren: Die Tür am Poolhaus war ohnehin schon kaputt und sollte entsorgt werden, also verursachten wir mit einer Zange „Bissspuren", platzierten Q hinter der Tür und ließen ihn durch den entstandenen Schlitz nach draußen schauen. Durch seine Blickrichtung nach oben wirkt sein Blick so traurig. Ich versichere: Q hatte Spaß beim Shooting und bekam reichlich Kekse. Ich saß für dieses Foto übrigens auf der Poolabdeckung und habe mir einen nassen Hintern geholt.

Danke auch an meine großartige Freundin, Kollegin und Podcast-Mitgestalterin Selma Fischer-Uzun mit Muffin, deren Titelbild an der schönen Tapete gescheitert ist. Ebenso ein dickes Danke an meine liebe Kollegin Annette Ranft mit Eis für die Fotos sowie an Sylvia Hustadt für das spontane Foto von Jona.

Danke an den Cadmos Verlag, allen voran an Madeleine Frank die, nachdem ich zwei Wochen vor dem Abgabetermin unverhofft ins Krankenhaus kam und Bammel hatte, dass ich den Termin nicht schaffe, erst mal sagte, ich solle mir keinen Stress machen. Die Gesundheit ist das Wichtigste, und ich bin froh, dass wir alles ein bisschen schieben konnten, damit es noch rechtzeitig klappt.

Danke an Gerlinde Gröll, die das Cover und den Titel so schön kreativ gesetzt hat, das gefällt mir richtig gut.

Danke an meine Lektorin Maren Müller für den letzten Schliff. Du hast mich mit deinen Ideen und bei der Strukturierung meiner Gedanken stark unterstützt.

Danke an den besten Gerrit der Welt, meinen Freund und Kollegen Gerrit Stephan, der über viel Erfahrung im Bereich Trennungsstress verfügt und dieses Buch gegengelesen hat - eine echte Prüfungssituation für mich. Da ihr das Buch in Händen haltet, habe ich wohl bestanden. Puuuh!

Ich bin dankbar für all die Hunde, die mein Leben begleitet haben, für die unkomplizierten und die komplizierten: Von allen durfte ich unterschiedliche Dinge lernen.

Meine eigenen Hunde sind natürlich etwas ganz Besonderes: Mate, der mich hoffentlich noch viele Jahre begleitet, und Morris, der kurz vor Erscheinen des Buches im Kreise seiner Lieben und mit einem Maulvoll Keksen gegangen ist. Danke für deine Freundschaft.

Und last but not least: Danke an euch, liebe Leser, die ihr euch um dieses schwierige Thema eures Hundes kümmert und ihm beisteht.

Danke, dass ihr eurem Hund ein echter Freund/eine echte Freundin seid!

Stichwortregister

Liebe Leser*innen,

wir freuen uns, dass wir Ihnen mit unserem Buch neue Inspiration liefern durften und hoffen, es hat Ihnen gefallen. Weitere Leseabenteuer mit verbriefter Fachinformation finden Sie auf www.cadmos.de. Wenn Sie mit uns in Verbindung treten oder Ihre Erfahrungen teilen wollen, dann tun Sie das bitte unter:

https://www.facebook.com/cadmosverlag

https://www.instagram.com/cadmosverlaq/

oder per Mail an info@cadmos.de

Wir freuen uns schon jetzt über Ihr Feedback!

ISBN: 978-3-8404-2078-8, 1. Auflage 2024

Deutsche Nationalbibliothek - CIP-Einheitsaufnahme

Die Deutsche Nationalbibliothek verzeichnet diese Publikation in der Deutschen Nationalbibliografie; detaillierte bibliografische Daten sind im Internet über http://dnb.ddb.de abrufbar.

Viel Freude mit diesem Buch wünscht Ihnen Ihr CADMOS-Team:

Autorin: Manuela Zaitz
Covergestaltung und grafisches Konzept: Gerlinde Gröll
Satz: Greta Grünsteidl
Lektorat: Maren Müller
Korrektorat: Gertrud Döffinger, Hannah Crawford
Fotos Umschlag: Manula Zaitz (Cover und Rückseite)

Wir übernehmen Verantwortung:

Dieses Buch wurde anhand ausgewählter Qualitätskriterien ressourcenschonend und schadstofffrei in Cadmos Qualität für Sie hergestellt. Das verwendete Papier für Kern und Cover ist FSC©-zertifiziert, der Druck erfolgte CO^2-neutral:

Der Inhalt ist auf Magno matt 135 g/m2 mit 1,01 Volumen für Sie gedruckt, ein matt gestrichenes Bilderdruckpapier, das die Farben leuchten lässt und dem Inhalt einen hochwertigen Charakter verleiht.

Das Cover wurde auf Peyvida puro 270 g/m² gedruckt, einem Naturkarton mit ansprechender Optik und Haptik. Auf Laminierung und Einschweißen in Plastikfolie verzichten wir – für unsere Umwelt und unsere Zukunft.

Gedruckt und gebunden wurde dieses Buch in Europa, bei unserem langjährigen, bewährten Druckpartner GRASPO (www.graspo.com).

FSC® www.fsc.org
MIX
Papier | Fördert gute Waldnutzung
Paper | Supporting responsible forestry
FSC® C010798

Product footprint
CO_2 Neutral
PBN-CFMC-059235
www.preferredbynature.org

Uns ist wichtig:

Haftungsausschluss: Autorin und Verlag haben den Inhalt dieses Buches nach bestem Wissen und Gewissen geprüft. Für die Richtigkeit der Angaben in diesem Buch und eventuelle Schäden, die aufgrund von Beschlüssen und Handlungen, die anhand der gegebenen Informationen getroffen wurden, wird trotz sorgfältiger Recherche keine Haftung übernommen.